老子的正言若反、莊子的謬悠之說……《鵝湖民國學案》正以「非學案的學案」、「無結構的結構」、「非正常的正常」、「不完整的完整」，詭譎地展示出他又隱涵又清晰的微意。

曾昭旭教授推薦語

願台灣鵝湖書院諸君子能繼續「承天命，繼道統，立人倫，傳斯文」，綿綿若存，自強不息。蓋地方處士，原來國士無雙；行所無事，天下事，就這樣啓動了。

林安梧教授推薦語

喚醒人心的暖力，煥發人心的暖力，是當前世界的最大關鍵點所在，人類未來是否幸福，人類是否還有生存下去的欲望，最緊要的當務之急，全在喚醒並煥發人心的暖力！

王立新（深圳大學人文學院教授）

人們在徬徨、在躁動、在孤單、也在思考，希望從傳統文化中吸取智慧尋找答案；另一方面是割不斷的古與今，讓我們對傳統文化始終保有情懷與敬意！依然相信儒家仁、愛之說仍有益於當今世界。

王維生（廈門篔簹書院山長）

鵝湖民國學案

呂榮海 賴研 蕭新水 洪文東 周隆亨 潘俊隆 陳蕙娟 陳祖嫄 等35人 合著

老子的正言若反，莊子的謬悠之說……
《鵝湖民國學案》正以
「非學案的學案」、「無結構的結構」、
「非正常的正常」、「不完整的完整」，
詭譎地展示出他又隱涵又清晰的微意。

——曾昭旭教授推薦語

鵝湖民國學案

呂榮海 賴研 蕭新水 洪文東 周隆亨 潘俊隆 陳蕙娟 陳祖嫄 等35人 合著

華夏出版

豐酶療法

酶 決定生老病死美

楊中武、韓謹鴿——著

為什麼在你的生活中，養生無效果？養顏無結果？藥到病不除？
越來越多的醫學家們，認識到了亞健康狀態背後的根源，
那就是「酶缺乏」。
人類已經進入了酶缺乏的時代，而我們卻渾然不知。
酶不足是健康的第一大『殺手』。

前言

「酶」好生活從這裡開始

從事健康教育活動十幾年來，如果你問我健康養生最為關鍵的因素是什麼，我會堅定地告訴你答案——酶！

酶決定生老病死美。要過「酶」好生活，就從這裡開始……

——楊中武

羅曼．沃克是美國一個小鎮的居民，從三十歲開始，他的身體每況愈下，得了至少十幾種嚴重的慢性疾病。他常常坐在輪椅上，呆呆地望著通往遠方的路，到小鎮外面去看看，竟成了他一個奢侈的夢想。到了五十歲這一年，醫生告訴他一個更不幸的消息：沃克先生，我們盡力了，你頂多還有一年的壽命，好好跟親人待在一起，珍惜這樣的時光吧……

大洋彼岸的日本，一位叫松田麻美子的女士，有一天去超市買米，一個年輕的女孩走過來，對松田說：「奶奶，米太重了，我幫你吧！」這一句溫暖的話，卻深深刺痛了松田，她扔掉大米，飛奔回去，躺在床上嚎啕大哭起來，哭了整整一個晚上。原來，松田麻美子不是什麼「奶奶」，她只有二十歲，看上去卻像是六十歲。很長一段時間裡，她一個人孤獨地站在田野邊，不敢想像自己的未來……

一晃好多年過去了，被醫生認定活不過一年的羅曼．沃克，奇蹟般地活到了一百零九歲，整整比醫生認定的時間多了五十多年；松田麻美子不再面容衰老，到了六十歲，她竟然像二十多歲的女孩，實現了不可思議的逆齡生長。

這一切是怎麼發生的？

奇蹟的發生都跟一種物質有關，它的名字叫「酶」。

被醫生判了「死緩」後的沃克，知道自己沒有任何退路，他必須改變，徹底地改變。於是，求生的本能讓他改變了嗜酒、嗜肉等各種不良生活習慣。同時他還在保健醫生的建議下，根據自身體質配套了新鮮蔬果汁，充分補充身體的酶，堅持了

好幾個月，他發現身體在不可思議地好轉：體內毒素在減少，免疫力在提高，消化能力在改善，這更堅定了他堅持下去的決心。最後，這樣一個被鎮上公認爲體質最弱的人，竟然成了小鎮上最長壽的人。他的故事被《華盛頓郵報》等美國主流報紙大幅報導，人們親眼見證到了酶的力量。

松田麻美子到六十歲時，如何實現人生「逆轉勝」，實現逆齡成長的？不是靠美容整形，不是靠手術，而是比這更簡單的方法：補充身體的酶，讓酶發揮作用，充分促進消化吸收，排除毒素，抵抗衰老。

日本著名醫學家藤本大三郎，在《人類爲什麼老化》一書中寫道：「生命的一切活動，都是在酶的作用下完成的，沒有酶，人就不能生存！更令人驚詫的發現是，許多疾病都是由酶的缺乏引起的。」

酶，由蛋白質構成，在身體中起催化作用和媒介作用。比如，我們補鐵、補鈣、補鋅，什麼都補，但是，身體裡的酶缺乏，沒有酶的參與和催化，這些營養進入身體，並不能被身體吸收，相當於你拿著錢，讓它們在身體裡旅行了一圈，然後就被無情地排出了體外。身體中大概有幾千種酶，每一種酶都有獨特的功效，具有獨一性，比如消化酶、代謝酶等等。正是因爲它的重要作用，酶又被稱爲「生命的魔術師」，生命的第八大元素。

幾乎每個人都渴望活出生命的品質來，而生命品質是以健康作根基的，根基打的越牢固，生命的品質越好。

然而，在當下，一些朋友常常感覺很疲憊，身體總有某些的不舒服，出現失眠、經常性感冒、心悸、煩躁易怒、無食欲、口腔潰瘍、便秘等等。一些白領身體呈現出亞健康的狀態，亞健康其實就是不健康。這一切問題的產生，可能有某些的原因，比如飲食習慣不好、作息不規律、有不良嗜好等等。一些朋友不斷地尋找各種養生之道，一些朋友在患病之後拿到了許多藥物，卻發現藥物不那麼有效了，甚至還因此怪罪醫生。這一切都影響著人們的生命品質。

越來越多的醫學家們，認識到了亞健康狀態背後的根源，那就是「酶缺乏」。中國保健專家委員會副主任委員、高級營養師蓋景超博士指出：「人類已經進入了酶缺乏的時代，而我們卻渾然不知。酶不足是健康的第一大『殺手』，所有的疾病，從癌症到輕微的感冒，都有一個總的根源——酶不足。當體內的酶水平升高了，所有的疾病就消失了。反之，當酶水平降低，疾病就會出現，甚至致命，普及酶知識刻不容緩。」

世界腸道內視鏡權威新谷弘實在《酵素力革命》中說：「所有的營養若缺少中間媒介者——酶的幫忙，就很難被身體消化和吸收，就這層意義來說，體內的酶數量，才是測量身體健康程度的指標。」

諾貝爾醫學獎獲得者亞瑟．科恩伯格，在一篇文章中寫道：「對我們的生命而言，自然界中再也找不到像酶這樣重要的物質。DNA本身是無生命的，它的語言冰冷而威嚴，眞正賦予細胞生命和個性的是酶，它們控制著整個機體……酶在我們生存的世界裡，是一個無所不在的生物體，它擁有極大的本領，人類本身離開了酶，根本就無法生存。酶還可以爲化學家服務，複製、合成許多極爲特殊的物質，如藥品、食品等等。」

在歐美發達國家，人們對酶已經有了充分的認識，他們的健康養生觀念開始不斷調整。比如美國，自從認識到酶的作用之後，他們將酶運用於預防疾病和癌症治療，因此美國成了今天世界上、唯一一個癌症病例不斷下降的國家；日本意識到酶的巨大作用之後，開始在全體國民中普及酶知識，鼓勵國民多攝入有機食物，補充身體中的酶，因此日本成爲世界上最長壽的國家。

與西方發達國家相比，中國人對酶的認識晚了三四十年。幸運的是，今天越來越多的中國人意識到維護身體健康、提升生命品質，需要從保證身體不缺乏酶開始。

爲了讓更多的朋友更好地認識酶、瞭解酶、運用酶，我出版了這本《酶決定生老病死美》，希望能對您有所幫助，給你保養健康帶來更多的收穫。從閱讀本書開始，收穫「酶」好人生！

Contents

Part 3 「酶」好心情喝出來

Contents

世界性的「酶」旋風

酶從發現到成熟地服務於民眾，經歷了漫長而又坎坷的歷程。

面對高壓力、快節奏的現代生活，世界範圍內掀起了「酶」旋風，人們的意識終於覺醒：酶對健康如此重要。

更重要的是，酶並不是神秘的、十分遙遠的高科技，它就在我們的身體裡，就在身邊，就在你能想到的每一個地方，它對健康有著神奇的作用。從這個意義上說，世界性的「酶」旋風終究勢不可擋！

1. 風靡歐美的酶

一九七七年二月的一天，美國首都華盛頓特區還非常寒冷。就在這時，美國參議院營養調查特別委員會，向國會提交了一份長達五千頁的報告，這份報告一經發表，就震撼了整個美國社會，引起人們熱烈的討論。

這份報告顛覆了許多人一貫的認知。報告指出：發達國家許多國民的飲食方式是錯誤的；所有的成年病，可以透過飲食的改善逐步治療；多攝入澱粉質的草食型國民健康程度，比肉食型國民好……

一九七七年美國參議院的報告，促使美國人對飲食方式及酶，有了更深入、更科學的認識，為美國的慢性病及癌症的預防和治療，提供了新的有效方式。幾十年

過去，美國成爲了世界上唯一一個癌症病例在減少的國家。

不僅在美國，在歐洲，有五千萬人每一天都會定時補充酶，日本有兩千萬人定期補充酶。在日本，酶被譽爲「生命之源」。在這些國家和地區形成了蔚爲壯觀的「酶旋風」，伴隨而來的是這些地方人們的生活方式的改變。這些改變帶來了明顯的成效，歐洲人的長壽率居全世界前列，而日本已經是全世界最長壽的國家了。

酶的作用越來越得到世界各國的高度認同，但是，這樣一個過程並不是一帆風順的。人類總是受到經驗和習慣的影響，對新發現事物的接受需要較長的時間。

縱觀西方歷史，可以發現，很早的時候，西方的先人們就已經利用酶了。只不過，那時候酶沒有被作爲一種物質被發現而已。

西元前八百年，透過發酵製作乳酪的方法，已經被寫在了小說裡。

西元前三百年，埃及壁畫上就有了釀造啤酒的記錄。

一八五二年夏天，法國生物學家雷歐瑪，將一塊肉塞進了金屬管子中，不久，他發現這些肉都被溶化了。三十三年之後，義大利人斯帕朗采尼也發現了同樣的現象，爲了搞清肉溶化的原因，他用了十年時間進行研究，終於發現了溶解肉類的物質。他將這種物質命名為「蛋白酶」，成為了這個領域的最初發現者。

一八三三年，法國人培安和培洛里透過試驗，發現了「澱粉酶」。

一八三六年，德國休汪教授發現了一種可以溶解肉類的物質，這種物質在高溫遇熱後會失去作用，而且，它只是在強酸性環境中才能發揮作用，他將這種物質命名為「胃蛋白酶」。後來，休汪教授又發現了多種其他酶。他們又將這種物質稱為「酵素」，意思是「在酵母中的東西」。

隨著對酶的認識不斷深化，人類應該很早就懂得利用酶為健康服務。不過，事實卻不是這樣。

一九二六年，美國生物學家索姆納，從刀豆中萃取了胃蛋白酶、胰蛋白酶等。一九四六年，索姆納等另外兩個美國科學家，共同提出了一個著名觀點：酶的實體就是蛋白質，並由此獲得了諾貝爾化學獎。於是在世界範圍內，形成了這樣一個觀念：補充蛋白質就是補充酶。實際上，蛋白質是酶的實體沒有錯，但不是它的本質，蛋白質只不過是酶的骨骼而已。

對酶的誤解並沒有因此終結，而後的俄羅斯科學家巴布金教授，又提出了一個著名的觀點：酶可以無限制地製造出來。在這兩種錯誤理論的指導下，很長一段時間裡，世界上對酶的研究幾乎沒有重大進展，直到美國科學家愛德華．豪爾博士的出現。

愛德華．豪爾博士，生於一八九八年，年輕的時候就取得了醫生執照，進入一家療養院工作，長期跟醫學打交道，讓他對酶的作用有了更深刻的認識。於是，他開始了長達五十多年的酶營養學的研究。一九八五年，八十七歲的豪爾博士發表了著名的《酶營養學》，提出了酶營養、食物酶、消化酶等完整系統的理論，引起了世界性的轟動，愛德華．豪爾博士當之無愧地被譽爲「酶之父」。

正是愛德華．豪爾博士的推動，二十世紀八〇年代以來，世界性的酶研究，呈現出方興未艾的局面，酶的研究領域先後誕生了六位諾貝爾化學獎、醫學獎得主。最近的一次是二〇〇九年，美國科學家伊莉莎白．佈雷克本、卡魯格雷德與佐斯塔克，因爲研究人體染色體「末端酶」和人體老化、癌症之間的關係，而獲得諾貝爾醫學獎。

今天，歐美已開發國家深刻地意識到，飲食與健康及疾病之間存在著密切的關係。過多地食肉、過多地攝入高溫烹飪過的食物，都會導致身體內酶的缺乏，而這是許多慢性病、亞健康形成的眞正原因。

過去，人們常說人命天註定，現在終於明白，在某種程度上，酶決定了壽命長短。歐美國家現在常常提到「酶銀行」——人在生存的時候，會擁有一定的「酶存款」（酶存款指的是人體潛在酶），繼續使用而不往裡面存入酶，必將會導致健康「破產」；相反，如果能夠保存潛在酶，同時又可以藉由改變飲食習慣，將酶更多地存入「銀行」，就有可能得到長壽。

有醫學家認爲，人的許多疾病產生於他的觀念，不願意接受新的事物，按照舊有的習慣和邏輯生活。而一些智慧的人卻能接受最新的觀念，當許多人還在遲疑的時候，他們已經收穫了健康。比如美國前總統柯林頓、美國前國務卿希拉蕊，以及英國女王伊莉莎白二世、流行音樂天后麥當娜等等，他們都有一個養生、保持年輕的秘密，那就是酶。在這些政商界、演藝界名人的影響下，歐美國家的「酶旋風」只會越來越猛，對歐美國民的身體健康來說，將會是莫大的福音。

面對風靡歐美的酶療法，渴望健康的中國人一定不會就這樣隔岸觀「酶」，而是應該積極行動起來，讓酶爲我們的健康服務。其實，中國先人們應用酶的歷史，一點都不比西方晚……

2. 三千年的故事：酶在中國

小故事

西漢時期，有一天，齊北王患了風病，十分嚴重，許多醫生都沒能治癒，最後找到了名醫淳于意。淳于意用發酵過的湯液醪醴給齊北王服用，齊北王很快便康復了。

不久之後，西漢王宮裡有一個王美人難產，情況十分緊急。淳于意在發酵的湯液基礎上，給王美人配套了助產的藥，沒過多久，王美人產下了一個健康的男嬰……

中國古代的人們不知道酶這種物質，但是他們很早就懂得利用酶，比如釀酒的過程，實際上就是酶幫助穀類發生魔術般改變的過程。

中國是世界上最早掌握釀酒技術的國家之一，中國對釀酒有一大貢獻：用麴造酒，這證明先人們嫺熟地掌握了發酵技術。酒麴裡含有使澱粉糖化的黴菌和促成酒化的酵母菌，利用酒麴造酒，實際上是人爲地利用微生物，這些微生物分泌大量的澱粉酶、糖化酶、蛋白酶等。酶具有生物催化作用，可以加速將穀物中的澱粉、蛋白質轉化爲糖和氨基酸，糖份在酵母菌的作用下，分解成乙醇，即酒精。

在《跟岐伯學養生》這本書中，我們比較詳細地敘述了湯液醪醴、釀酒與發酵的歷史。其實，酶在中國古代還有更多的應用。

比如大家都熟悉的饅頭，就是發酵食品的典範。戰國時代，中國人就會做饅頭了。

戰國《事物紺珠》記載：「秦昭王做蒸餅。」

蕭子《齊書》記載：「朝廷規定太廟祭祀用『麵起餅』，即『入酵麵中，令鬆鬆然也』。」

不管是「蒸餅」還是「麵起餅」，都是我們今天常見的饅頭。「入酵麵中，令鬆鬆然也」，經過發酵，麵粉中豐富的澱粉經過酶的催化，分解成麥芽糖和其他養分。饅頭發酵的過程，充分利用了酶的催化作用。

醋，也是人們日常生活中不可缺少的發酵調味品。

漢代的謝諷在《食經》中寫道：「做大豆千歲苦酒法。」

《齊民要術》中，不僅記載了「苦酒法」，還談到了多種製麴釀醋的方法。

有這麼一個故事，說明了醋和酒在製作方法上有相通之處。「竹林七賢」之一的劉伶嗜酒如命，常常喝的酩酊大醉，他的妻子吳氏對劉伶喝酒誤事十分反感，想了許多辦法都沒有用。最後，吳氏在新酒剛剛釀出來後，向酒裡投入鹽梅辛辣的食材，讓它們發酵，使整個酒變酸，目的是讓劉伶聞到後不想再飲。據說，後人模仿這種方法，製作成了醋。

醬油也是一種典型的發酵調味品。

西漢《急就篇》裡已經提到了「醬」。

唐朝時期，顏師古解釋道：「醬，以豆和麵爲之也。」

東漢哲學家王充在《論衡》和《四民月令》中都提到了做醬，並強調了做醬要及時，不要延誤到梅雨季節。

《禮記》寫道：醬的作用是「五味，六和」，也就是說食物之間的配合都離不開醬。

《爾雅．釋名》寫道：「醬，將也，制飲食之毒，如將之平禍亂也。」

另外一種中國人十分熟悉的發酵食品便是腐乳了。腐乳被李時珍譽爲「此乃窺造化之巧也」的食品。

今天，中國人開始重視對酶的認知和應用。人們逐漸意識到，缺乏酶，健康就是空中樓閣，沒有基礎。

上海有一位醫師，很早就知道了酶具有催化作用。但是，他沒有意識到酶對生命究竟意味著什麼，直到他的妻子罹患乳腺癌。

他的妻子患的是一種非常有侵略性的惡性腫瘤，除了早期治療外，只能以化療來達到暫時抑制，至於根本的解決之道，目前世界醫學界都無能爲力。看著被癌症折磨的妻子，這位醫師不甘心就這麼放棄，他開始不斷地探索。經過研究，他發現了一個現象：在資訊化高度發達的今天，我國和西方已開發國家在醫療檢查、醫療設備水準方面相差無幾，但是，癌症患者的五年生存率，卻始終徘徊在百分之三十三至三十五，而歐美、日本等已開發國家已達到了百分之五十以上，到底是什麼造成了這個差距？醫師認爲如果能找到這個原因，或許就能爲妻子生命的延續找到一條道路。

最後，這位醫師經過反複比較和研究，找到了酶療法（攝入充足的生鮮蔬果和酶營養品）。從那以後，他堅持這個方法，並輔以其他多種有效的康復措施。妻子一次次地克服了癌症病痛，以及由手術、化療放療所帶來的副作用，一次又一次地得以康復。從她的膚色和精神狀態來看，旁人根本不敢相信她是一位晚期癌症患者。正是因爲酶療法延長了妻子的壽命，並提高了生命品質，這位醫師毅然辭去了醫生的工作，投入到了酶知識的普及中。因爲他相信自己的眼睛，他意識到，中國民眾太需要瞭解酶知識，學會應用酶了。

我們先人有著非常豐富的發酵實踐經驗，給我們運用酶留下了寶貴的財富。我相信，今天的國人一定會好好利用酶，爲自己的健康加分，爲擁有更高的生命品質努力。

3.養生無效果，養顏無結果，藥到病不除——必須問自己的三個問題

小故事

有一次，我到日本訪問，見到了一位著名的酶療法專家，我很想和她深入地探究酶的神奇作用，把最前沿的養生資訊，介紹給渴望健康的朋友。專家女士十分熱忱，也非常美麗，有一種讓人難忘的熟女氣質。

這位女士帶我們一行人到了她的辦公室。辦公室牆上掛著許多照片，她特地給我們看其中一張。這張照片中，一個阿嬤正無精打采地行走在東京街頭，我問這個阿嬤是誰？

女士笑了，她靦腆地說：「那是曾經的我！」

我們被徹底震撼了，事實的力量是如此震撼人心。接著，女士並沒有直接告訴

我們酶的作用，而是要求我們每一個人必須問自己三個問題：為什麼在你的生活中，常常出現「養生無效果，養顏無結果，藥到病不除」的問題？

爲什麼在你的生活中，養生無效果？

爲什麼在你的生活中，養顏無結果？

爲什麼在你的生活中，藥到病不除？

很長一段時間，這三個問題始終縈繞在我的腦海，作爲一個健康教育工作者，我覺得有義務讓更多人透過反思，得到養生的眞諦，我希望每一個人都能問問自己這三個問題。

岐黃教育基地曾經來了一個很特別的年輕人，他很聰明幽默，愛跟工作人員開玩笑。但是，他的身體卻很差，從紅楓園中第一棵紅楓樹走到第七棵短短幾百米遠，他都會氣喘吁吁。幸運的是，他生在一個富裕的家庭，父母給他買了各種營養品，每一天，保姆都會給他燉營養十分豐富的靚湯，即使這樣「進補」，這個年輕人身體依舊沒有多大起色。最後他來到了岐黃健康教育基地，希望好好調理。

去年，一個女孩剛來到岐黃，當時她特別沮喪。她一直想減肥，去掉臉上的痘痘，用了各種減肥、祛痘的方法，還是沒有能將體重減下來，日思夜想的苗條身材和光潔肌膚，始終沒有出現。最後，這個女孩抱著試一試的態度，來到了岐伯酵醴豐酶健康生活法的課程。

也是在去年，岐黃課堂上一位中年男士找到我，要我想想辦法。他的孩子常常感冒，一旦感冒，很長時間都不見好。他找了許多名醫開了藥，可是藥效不明顯，這一切都讓這位中年父親擔心。

以上三種情況，想必在許多人身上都發生過。不過大多數人沒有追問，這一切背後的原因到底是什麼。養生沒有找到最根本的點，自然會走許多彎路，做許多無用功，既浪費了金錢，又消耗了時間。對這三位朋友，我問了上面三個問題。我相信只要他們不斷地思考，結合發生在身邊的眞實案例，就一定能找到養生最根本的點。

後來，在岐黃健康教育基地裡，三位朋友終於找到了問題答案：「養生無結果，養顏無效果，藥到病不除」的根本原因，絕大多數是因爲酶的缺乏。

美國植物治療學博士亨伯特．聖提諾，在一次聽證會上作證時說：「爲什麼有些治療能藥到病除，而有些卻是藥到病不除，關鍵就在『酶』。」

酶爲什麼有著如此重要的作用？許多權威的醫學家打了一個巧妙的比方：我們攝入的所有營養素、治病用的藥物，都是身體必需的原料、養顏的原料，如同建造一座房子，光有原料堆積在一起是不行的，還需要有負責不同方面的工人，才能將房子建好、裝修好。酶就是身體的工人，幾千種酶分工負責，有的負責消化，有的負責代謝吸收，透過高度協作，才能將「健康大廈」建築好。

生命作用是一系列神奇的過程，在這個過程中，酶始終扮演著關鍵的角色。亨伯特．聖提諾博士在《神奇的酶養生法》中提到：「在生物體中，酶協助生物體分解各種物質，進行新陳代謝。無論動物植物，只要有生命存在，就一定有酶的存在。生物體內物質的合成、分解、運輸、排除以及提供能量，維持最基本的生命活動，都與酶有密切的關係。如果沒有酶的存在，生物就不能成活，身體中酶的多寡與其運作情形，與生命體的青春、健康、疾病、老化息息相關。」

因此，不論是養生、養顏，甚至是治療疾病，有一個關鍵的前提是，我們體內

要有充足的酶，滿足這一個前提，養生才會有效果，養顏才會有結果，才能藥到病除。

一位健康達人說過這樣一段話，讓我記憶深刻：「現代人的一生，重大疾病的患病率爲百分之七十二，這就引發兩個問題：第一是如何少生病？第二是生病後怎麼辦？研究表明，每投資一元預防費，就可以節約九元醫療費用和一百元搶救費，有效預防迫在眉睫！而生活中僅有少數人，能採取疾病預防的常規措施，多數人對錯誤的健康觀念和有損健康的不良習性熟視無睹。沒病就以爲健康，生病了就找醫生，更有甚者以『請的起名醫，付的起高昂的醫療費』爲榮，以爲這是身份的象徵……令人尷尬的是，醫院越蓋越多，可病人也越來越多，人滿爲患。」

改變這種狀況，是每個人健康的需要。幸運的是，世界上許多人已經意識到了問題所在。他們意識到自己才是健康的主人，不論中醫還是西醫，對於健康只是起到了輔助作用。他們開始尋找新的養生方法，這些方法基於以人體健康爲核心，深信機體的自癒能力，在醫療過程中，盡力避免使用任何削弱機體自癒能力的醫療手段，把健康牢牢掌握在自己手中，而不是在生病之後，才想盡辦法去尋找醫生。

在所有的新方法中，補充身體酶、避免身體酶缺乏的「豐酶療法」，是無可替代的瑰寶。在後面文章中，你會瞭解到「豐酶療法」對美容瘦身、疾病預防和慢性病治療等方面，都發揮了傳統醫療手段無法企及的效果，受到了全球眾多的明星、政府官員、白領、醫學家、企業家的廣泛讚譽和極力推崇。

面對巨大的生活壓力以及不斷惡化的生活環境，想要健康，我們都需要問問自己上面那三個問題，它能幫助我們直抵健康問題的核心，讓我們採取的行動更有針對性，也更有效果。

4. 為什麼我們身體常缺酶

小故事

岐黃健康教育基地接待過一位銷售主管，他才三十多歲，卻顯得蒼老、無力、疲憊、精力不集中、睡眠不好，沒有食欲。他在醫院檢查過兩次，結論是沒有什麼疾病。

但是，我和這位銷售主管有一個共同的看法，那就是這樣的狀態繼續下去，遲早會生出疾病。岐黃健康教育基地要做的就是調理身心，預防疾病的發生。

我瞭解了他的生活狀態和工作狀態，發現這位主管長期以來壓力太大，他是一個自我要求特別高的人。為了拼銷售業績，幾乎天天加班熬夜。我初步可以認定，這位銷售主管一系列症狀的根源，在於體內的酶不足而產生的綜合反應。

許多人之所以呈現出亞健康狀態，根源在於體內的酶不足。

遺憾的是，世界範圍內，人體的酶不足的情況非常普遍。在我國，這種情況更加嚴重。據權威機構統計，我國符合世界衛生組織健康標準的人，只占總人口的百分之五，亞健康人數卻驚人地占到了總人口的百分之七十。在如此龐大的亞健康人群中，絕大部分都跟酶不足有關。

朋友們會問：導致人體酶缺乏的因素到底有哪些呢？

首先，不良生活習慣導致體內的酶過度消耗。

吸煙、長期酗酒、偏食、過度運動、睡眠不足、大魚大肉等等不良生活習慣，都會增加體內的酶的消耗。

當我們出生時，人體內酶的數量是定量的，如果不能從外界不斷地攝取酶，必然會導致體內的酶不足。幾十年前，科學界有一個錯誤的認識：疾病導致了酶缺乏。今天科學界發現，是酶缺乏導致了疾病。當一個人長期活在不良的習慣裡，從外界攝入的酶嚴重不足，而體內的酶消耗過大，酶缺乏愈來愈嚴重，就會使體內消化酶和代謝酶無法正常發揮作用，於是，疾病產生了。

在我的上一本書《跟岐伯學養生》中，講到了一個高三學生的案例。孩子的父母望子成龍心切，恨不得將世界上最好的營養品都給孩子。孩子每一天大魚大肉，肚子脹鼓鼓的，學習結果卻跟父母想的剛好相反。孩子每一天上課昏昏欲睡，注意力不能集中，時間長了，還便秘、臉上長痘痘，這些都是典型的酶缺乏症狀。原因在於這孩子每一天攝入太多所謂的「營養品」，暴飲暴食，需要大量的消化酶才能消化，而人體內的酶是恒量的，消化酶消耗過多，代謝酶自然就少了。因此，孩子的新陳代謝出了問題，許多的毒素產生，打瞌睡、注意力不集中、長痘痘等各種症狀就出現了。

日本酶專家鶴見隆史教授認爲：「飲食與體內酶消耗關係重大，其中，蛋白質的過度攝入是最大元兇，白砂糖會破壞身體的防禦能力，而胃酸不足導致消化不良，食物纖維不足也會造成酶不足。」

第二，年齡增長會導致體內的酶逐漸缺乏。

在生活中，大家應該有這樣一個觀察：一個老人和一個年輕人同時疲倦後，恢復的時間大大不同。老人可能需要好幾天才能恢復精神，而年輕人可能只需要睡一覺，這樣的差異根源，在於體內定量的酶隨著年齡增長不斷地被消耗。因此，渴望健康長壽的我們，一定要懂的保存體內潛在的酶，避免過度消耗。通俗地講，過度消耗酶，就是加速衰老。

芝加哥邁克里茲醫院的梅亞博士，經過長時間的跟蹤研究，得出了一個重要的結論：年輕人唾液中的酶，比六十九歲以上老人的多出三十倍。德國的艾卡德博士對一千兩百人的尿液檢查，得出了相同的結論：年輕人澱粉酶的平均數值爲二十五，而年紀大的人只有十四。

有一位臺灣藝人，參加大陸一家電視臺的節目，剛好一位五十四歲的大陸藝術家也在節目中。這位大陸藝術家鬢角斑白，面容滄桑，頗有藝術家「風範」。他問臺灣藝人：「小夥子，你來自臺北還是高雄？」

「小夥子」不高興了，問道：「你叫我小夥子，你今年多少歲？」

「在下五十四！」

「那我告訴你，我今年五十六歲了。」

在場所有嘉賓都嚇了一跳，這位五十六歲的臺灣藝人看上去只有二十多歲！原來，在日本以及臺灣地區，人們補充酶的現象非常普遍。所以，一些懂的補充酶來養生的人往往能實現逆齡成長。

在人體老化的過程中，酶與這一過程的關係最爲密切。酶越缺乏，身體代謝的能力就越差，人就越容易提前老化。反之，身體裡的酶儲存的越多，人就會看起來越年輕和健康。

第三，壓力過大、情緒不穩也能造成酶的缺乏。

就像文前小故事，銷售主管就是因爲壓力過大，導致體內的酶缺乏，引發了身體一系列的不適。因爲壓力過大或者情緒不穩定，會導致體內的酶分泌減少，從而影響人的神經、內分泌、消化等系統功能的正常發揮。

第四，高溫烹飪摧毀食物酶。

人類早已習慣吃煮熟的食物，對大多數依然健康的人來說，攝入高溫烹飪的食物似乎天經地義。但是，對於身體長遠的健康來說，這麼做是極爲不利的。在歐美國家，越來越多的人意識到高溫烹飪的食物，將酶的活性幾乎全部殺死，對於健康來說，將埋下嚴重的隱患。

酶有一個重要的特性，那就是怕高溫。溫度在四十八攝氏度以上，酶的活性幾乎被破壞殆盡；超過五十三攝氏度，酶幾乎無存在的可能。人類今天所攝入的熟食，幾乎不存在食物所含有的酶的成分了，成爲沒有生命的食物。長期食用這樣的食物，必然會讓身體裡酶的儲量嚴重缺失，嚴重不足。

5.「相信」酶的力量

小故事

梁武帝蕭衍十分重視佛教，在位時候到處修建寺廟，他自己也是一個虔誠的佛教徒，每一天都認真禮佛，雖有後宮佳麗三千，但他卻節制欲望。就是這樣一位虔誠的信佛帝王，卻在八十多歲的時候餓死在宮中……

後世評價蕭衍，認為他只是重視佛教形式，沒有理解佛教真意。作為帝王，要做的是為百姓謀利益，這才能說具有真正的「佛心」，而不是修了多少寺廟。顯然，梁武帝蕭衍相信的是佛的形式而不是本質。

在傳播酶文化的過程中，我們也面臨梁武帝蕭衍的問題：相信形式還是相信本質？

許多人會說，一個人沒有在大學期間專門研究酶，不是科班出身，因此就不能成爲酶專家，這或許就是一種「形式主義」。按照這樣的邏輯，政治家們都應該是學政治出身的，藝術家們都應該是藝術學院畢業的。而實際上，許多政治家不僅不是政治系畢業，甚至是理科出身。許多藝術家比如高曉松、羅大佑，曾經都是理科專業的，但並不影響他們成爲一個優秀的藝術家，也不影響藝術家們給我們帶來美好的藝術享受。

一個人沒有從小學醫，絕不代表他就不能在健康的領域有所作爲。華夏中醫始祖岐伯，醫學大師朱丹溪，因爲他們都是在青年時代受不了庸醫「害」人，才開始了學醫生涯。但是，他們勤於鑽研、勇於變革，用事實而不是用形式，贏得了世人的尊敬。

酶的製作方式簡單、用途多樣，當你應用酶爲健康服務的時候，一定會面對身邊人的質疑。此時，你的選擇很重要，是選擇相信因爲不是酶專家，對應用酶打上一個大問號，還是選擇「傾聽」酶的聲音，在實踐中領悟酶的巨大能量？不同的選擇，結局將完全不同。

健康，需要相信實踐和實效，而不僅僅是外在的「形式」。著名醫學家馬克斯．普拉克說：「一種新的科學眞理往往不能說服反對者，但是，反對者會漸漸死去，下一代人則開始熟知這種眞理。」

一種新的科學真理往往不能說服反對者，但是，反對者會漸漸死去，下一代人則開始熟知這種真理。

——馬克斯．普拉克

一個人要想獲得健康、成功，都需要有去「相信」的意願和獨立思考判斷的能力。巴特曼博士同時指出，能夠選擇相信新生的對健康有益的方式，需要有新的認知模式。在舊有的認知模式上，人們很難去相信新生的事物，獲得健康也就變的遙遙無期了。換言之，在不斷變化的時代裡，要達到健康的夢想，需要改變舊有的認知模式。

模式是人們對事物的基本認識，並以此爲基礎衍生出的一種新知識。著名醫學家、《水是最好的藥》的作者巴特曼博士，曾精闢地說明了改變認知模式的重要性。

他說：「以前人們認爲地球是扁平的，後來發現地球是圓的。地球是圓的，這就是一種基本模式，地圖的繪製、地球儀的設計、對太空星球的認知、星際旅行軌道的計算，都得依據這一模式。也就是說，扁平模式是不準確的，地球是個球體，這個觀念才是正確的。有了這種認識，科學才會進步。認知模式的改變是進步的基礎，但是，這種模式的改變不是一蹴而就的。在醫學領域，即使一種新的認知模式意義重大，要想得到廣泛的認可卻困難重重。」

今天，我們要保養身體、獲得健康，讓身心靈都健康、愉悅，即使改變舊有的思考模式、建立新的模式也很難。但必須這樣做，沒有選擇，因爲科學就在那兒，酶的重要性擺在那兒。就好比無數的儀器已經證明了地球是圓的，那你就必須要相信地球是圓的，並在此基礎上安排生產和生活。如果繼續固守地球是扁平的觀念，被淘汰的將是你自己。

臺北「十大奇女子」、被稱爲臺灣酶療法阿嬤的林格帆女士的健康之旅，就鮮

明地彰顯了「相信」的力量。

林格帆女士因爲長期透支健康和精力，經營企業，最後身體變的十分糟糕。那時候，她四十多歲，看上去卻像是六十多歲的阿嬷，沒有精神、沒有氣色。

後來，她來到澳洲尋找「新生」的力量，在那裡，她看到了酶的力量，看到了有機蔬果的力量。她相信自己的眼睛，她相信酶和自然傳遞的聲音：「在兩座山之間，自然形成的山谷，配上藍天白雲與自由翱翔的小鳥們，像個帷幕般把世俗紅塵整個隔絕在外，頗有現代的世外桃源之感，充斥著安詳、寧靜、平和的氛圍。風景秀麗，小木屋參差不齊地羅列。其中，種滿了各式各樣的蔬果和植物。」

「然後，我每一天的生活就是回歸自然，過著原始的生活。在寄宿的小木屋旁邊，每天清晨赤腳種菜，吃活力酶以及很多的有機蔬菜，然後散步，跟袋鼠玩。晚上回到自己的房間靜心禱告，然後在滿心歡喜下上床睡覺。」

這個過程並沒有經歷多久，林格帆女士就發現身體發生著驚人的變化。「這樣不只心都靜下來了，身體也是通暢無比，入睡很沉很沉。有個晚上，我隱約感覺到天使來訪，給我無量的撫慰。她說我的身體會好，不論美麗的天使是眞是假，睡夢中總能感覺到一種昇華。這種感覺不僅令我恢復了健康，連心靈的感動都嵌進了基因的記憶裡，變成了個人的一部分而存在。」

從那以後，林格帆女士彷彿找到了健康的核心密碼，開始了身體越來越健康，「越活越年輕」的逆齡旅程。

一位著名的企業家在接受一次採訪的時候說，一個人要成功，關鍵是要有信仰，總得相信一些什麼。馬雲也說：「很多人頭天晚上想了許多條路，到了第二天早上，卻還是繼續走老路。」相信酶的力量，傾聽酶的聲音，尋找自然的自我調養之道，你也一定能像林格帆女士一樣，讓身心靈都感受到一種昇華。

用對「酶」，慢性疾病自然「沒」

生老病死是人生必然要經歷的過程，細胞的生存也是同樣如此，隨著年齡不斷的增長，細胞膜開始老化，通透性不斷降低。交換、代謝物質的能力下降，造成許多有毒物質的堆積。毒物堆積過多，又將加速細胞的衰老，形成惡性循環。

1.酶，DNA的剪輯師

小故事

在美國賓夕法尼亞州一個美麗的小鎮上，街道兩旁長滿了兩排整齊的大樹。一個剛剛去紐西蘭北島旅行過、見識過數萬隻螢火蟲的孩子有了一個幻想，要是這兩排樹在夜晚像螢火蟲那樣閃閃發光，該是多麼美麗啊。他將這個「幻想」告訴了從事生物學研究的父親，父親微笑著對這個孩子說：「孩子，你這不是幻想，爸爸一定可以幫助你實現這個夢想……」

一部分慢性疾病是跟遺傳有關係的。

科學家們正在努力透過改變遺傳基因，來突破這些遺傳性疾病，造福人類。如何通俗地理解遺傳？它就好像一個暗號，在某些家族中，這個「暗號」一直被傳遞

著，比如牙疼，這個家族的人可能世世代代都有牙疼的毛病。牙疼的「暗號」一代代地傳遞著，給這個家族帶來不便。如果要改變家族的這種狀況，就必須瞭解這個「暗號」，並破解它。製造某種物質的「暗號」就是基因。

如果要改變家族的這種狀況，就必須瞭解這個「暗號」，並破解它。製造某種物質的「暗號」就是基因。

在《生命樂章》這本書中，我們談到了人的發育，從一個細胞不斷地分裂、繁殖，最終形成了人。那麼，在一個家族中，家族特色之所以能延續，就必須有一個條件，那就是家族的「暗號」在下一代身上必須被讀懂。誰能讀懂？細胞。細胞擁有解讀「暗號」的能力，當一個人從發育的那一刻開始，細胞已經開始不斷解讀這些「暗號」。

讀到這裡，朋友們就會問：「暗號」是怎麼傳達下去的呢？也即是說「暗號」的載體是什麼？

是DNA。

一個DNA可以裝載上千個基因，我們可以將一個DNA想像成一個隨身碟，幾千個基因就是隨身碟中的資料夾，每一個文件都是不同內容的，有好的、有壞的；有消極的、有積極的；有文學的、也有理學的。細胞需要的時候，就會根據「隨身碟」裡的「文件」來製造物質。有些物質是人體所必需的，有些可能是人體根本不需要的。

於是，就有兩種可能，人體需要的重要物質，卻因這樣那樣的原因，自身無法合成，表現出來，就是這個人生病了。

另一種是細胞接受了糟糕的「暗號」，合成生產出了身體不需要的物質，反而危害了身體健康。

綜上，兩種可能其實都是一個結果，那就是當細胞不能恰當地接受正確的「暗號」製造物質時，我們都將面臨疾病的威脅。

我們做個大膽的假設，既然「隨身碟」裡某些文件在這台電腦上無法解讀，我們可否將這幾個資料夾剪切出來，放到另外的電腦上解讀，甚至生產我們需要生產

的東西？再將生產好的產品，拿回來爲我所用？

針對第二種可能，我們也可以假設，是否能將「隨身碟」裡不好的文件剪切，甚至刪除，防止有人利用它製造出不好的東西來危害人類？

回到基因、DNA上來，我們能不能像剪切「隨身碟」文件一樣來控制基因？答案是可能的。

在解釋這個過程之前，我們先回憶小學時候，我們學習剪紙和貼紙，必須要用到剪刀和膠水。假設我們要重新編輯DNA，也要有「剪刀」和「膠水」。讓人震驚的是，我們身體中就有這樣的「剪刀」和「膠水」，那就是限制性內切酶和DNA連接酶。

舉例來說，某些糖尿病患者體內，很難合成降低血糖的胰島素，而這又是這類患者急需的，怎麼辦呢？如果人工能夠合成胰島素，注射給糖尿病患者，對緩解病情或許會有不小的幫助。人工合成胰島素就是酶大顯身手的結果，利用限制性內切酶剪下人體的胰島素DNA，將剪下來的胰島素DNA和細菌DNA連接，並將製作出來的DNA放回細菌中間，於是，細菌開始不斷分裂，放入的DNA在細菌中不斷製造胰島素，於是，胰島素就這樣被合成出來了。

很顯然，透過酶的剪輯，許多病人無法合成的物質能夠被製造出來，運用得當的話，將大大地造福人類。另一方面，也可以利用限制性內切酶，將遺傳疾病的基因剪切，可以起到治療疾病、延年益壽的作用。

很顯然，透過酶的剪輯，許多病人無法合成的物質能夠被製造出來，運用得當的話，將大大地造福人類。另一方面，也可以利用限制性內切酶將遺傳疾病的基因給剪切，可以起到治療疾病，延年益壽的作用。不過，這是一項十分複雜的技術。

經過上面的分析，我們可以看到，作爲DNA剪輯師的酶，在生命活動中發揮著十分重要的作用。它的剪切、黏貼的功用，在未來將有極其大的應用前景。回到我們文前這個小故事裡，故事中的主人翁，有沒有可能讓這兩排樹閃閃發光呢？答案是也有可能的。

螢火蟲之所以會發光，是因爲體內有一種叫螢光素的物質，它要起作用，也需要螢光素酶的參與。如果能將螢光素和螢光素酶所在的DNA找到，透過限制性內切酶的剪切，將這一段DNA放入植物剛剛出現時的那個細胞中，隨著植物不斷成長，也可以逐漸發光了。

我們進一步推斷，假設將製造細菌討厭物質的基因放到植物中，植物就會免於被細菌侵蝕，就能夠很好地生長；如果將製造植物生長激素的基因放進植物中，植物可能生長會更快。但是，我們要留意這些人爲的因素，可能違背自然物種的規律。很多時候，我們的聰明反而被聰明誤，猶如搬石頭砸了自己的腳，因果報應，還是尊重自然、尊重規律比較好。

2. 酶與長壽

小故事

世界第五長壽之鄉——廣西巴馬，一個擁有二十五萬人的小鎮，百歲以上的老人有一百六十九位，九十歲以上的老人達到八百多位，遠遠超過了「十萬個老人，七個一百歲」的標準。儘管如此高齡，他們絕大多數都耳聰目明、思維敏捷，還有三分之一的百歲老人能夠下地幹活。更令人驚奇的是，這些老人中沒有一個腸胃病患者。

長壽之鄉的傳奇到底是怎樣產生的？他們「長生不老」、「無病無災」的秘密到底是什麼？

在揭曉長壽之鄉的老人們「長生不老」的秘密前，我們有必要瞭解一下人體的

老化機制。老化機制是一組掌控著人體衰老的「密碼」，如果能夠破解這組「密碼」，自然就能打開長壽的大門。

長期以來，醫學界認爲人體衰老與以下幾種機制有關。

第一，基因老化。

基因老化理論主要有兩種觀點：一種認爲由於不良的生活習慣、飲食等問題，刺激了基因中的DNA產生氧化而被破壞，加速了老化的進程。另一種觀點則認爲，細胞的分裂是有限度的，健康人體的細胞染色體上，存在一種端粒酶，每一次分裂，端粒酶就會縮短，大約經過五十次分裂之後，端粒酶就會消失，也即意味著細胞老化而死亡。

國外權威研究機構經過研究認爲，不良情緒會嚴重影響細胞的分裂過程，常年保持良好情緒、平和心態的人，在一定程度上可以防止衰老、延年益壽。

第二，自由基理論。

自由基是人體在新陳代謝過程中，產生的一種氧化物質。正常情況下，人體內的自由基維持著動態的平衡，它不斷地產生，也不斷地被清除，維持在正常的生理水準內。體內存在微量的自由基並無害處，它對機體起到平衡和穩定菌群比例的作用。但是，如果飲食不均衡、生活習慣不良好，長期下去，會導致自由基不斷地累積，破壞身體的平衡。

我們知道，自由基對身體的危險性極大。正常細胞基因突變、畸形和癌變過程中，自由基都是主要的誘因。

自由基對身體的危險性極大。正常細胞基因突變、畸形和癌變過程中，自由基都是主要的誘因。

我們看到一些老年人臉上長有老年斑，這種老年斑，實際上就是自由基在皮膚下的堆積。隨著體內自由基的動態平衡被打破，過多的自由基就會攻擊細胞膜，干擾細胞的正常溝通，以及DNA、RNA的蛋白質合成，對正常細胞組織造成傷害。這樣會加速組織的老化進程，還有可能引起一系列的病變。

第三，細胞膜老化。

生老病死是人生必然要經歷的過程，細胞的生存也是同樣如此，隨著年齡不斷的增長，細胞膜開始老化，通透性不斷降低。交換、代謝物質的能力下降，造成許多有毒物質的堆積。毒物堆積過多，又將加速細胞的衰老，形成惡性循環。醫學實驗表明，老年人的大腦、心臟、肺臟、肝臟等地方，有毒物質積累最多，直接危害老年人的生命健康。比如阿茲海默症（老年癡呆症）患者，其大腦中的毒素，比同年齡段的老人多的多。

顯然，人體細胞大面積地衰老，會加速人體的衰老，減少人的壽命。要想長壽，必須要防止細胞衰老。

第四，神經內分泌理論。

隨著年齡增長，許多老人身材看上去越來越小，身體甚至開始萎縮，這與人體中神經內分泌系統有關。在我們的小腦之中，有一個非常重要的腺體組織叫腦垂體，腦垂體上面是下丘視，是人體內分泌的中樞。下丘視調控腦垂體來控制人體的甲狀腺、腎上腺等生長激素、荷爾蒙激素等的分泌，這些激素對人體的新陳代謝、肌體的生長發育至關重要。但是，隨著年齡的增長，這些器官的功能會不斷衰退，導致激素的分泌減少，造成人體新陳代謝能力下降，加速人體的衰老。

除了以上幾種老化機制外，人體衰老機制還有很多。比如人體的免疫功能對身體老化的影響，人的精神壓力都會加劇人體的老化過程。

隨著醫學科學的發展，人們對老化機制的認識不斷深入，發現以上所談到的衰老機制，都跟一個關鍵元素的缺乏有關，那就是酶的缺乏。酶的缺乏導致細胞基因代謝受到阻礙，抗自由基功能衰退，內分泌功能失調等。

日本酶研究權威新谷弘實說：「酶決定了壽命。體內是否有充足的酶，對一個人的健康和壽命長短，都有著決定性的影響。」

北京最美的季節是秋季，但對於李總來說，一場不期的告別，讓天空平添陰霾，他的一位室內設計師朋友，不滿三十歲，就被癌症奪去了生命。

李總很久都沒能從失去朋友的悲傷中走出來，他們是在一次設計展上認識的，這位朋友的設計構思十分大膽而又巧妙，讓人讚歎。在設計上共同的志趣，讓他們成爲眞誠的好朋友。

在李總看來，朋友十分豪爽，每一次見面，他們總會到高檔的餐廳吃很多的山珍海味；除了豪爽，朋友異常勤奮，每一天都會工作到深夜；當一個案子想不出來的時候，他會一根接一根地抽煙，喝咖啡。後來，他發現朋友的臉色有些灰暗，缺少陽氣。李總想，這或許是搞藝術的人的通病吧，沒有在意。直到朋友被癌症奪去性命，一個充滿創意的生命，就這樣消失於世界，李總才開始反思亞健康問題。不久之後，李總身邊好幾個年輕有爲的朋友都相繼離開人世，他才開始研究疾病背後的原因。

經過長時間的研究和思考，李總終於發現了奪走朋友生命的秘密——酶缺乏。於是，他開始在朋友圈裡普及酶知識，一年多過去，朋友們的身體和氣色都變的好了起來……

有人對長壽老人做了專門研究，在他們肚子裡發現了長壽的秘密。

首先，長壽老人腸道內的菌群分佈非常合理，腸道內的益生菌，竟然是平常人的一百至一千倍。

其次，長壽老人腸道內有許多強大的輔酶，它和活力酶以及益生菌一起，將有害菌和胃腸道隔離，防止胃腸道內毒素的產生。

第三，長壽老人的飲食結構非常合理，他們食用大量的天然綠色蔬果，裡面含有大量的活力酶、輔酶，可以大大提高體內益生菌的生長速度和成活率，抑制有害菌的繁殖。當有益菌佔優勢，就能有效維持腸道內的乾淨環境，正應了古代醫學所說的「腸道乾淨，一生無病」。

一百多年前，俄國的微生物學家梅契尼科夫，在北高加索地區的長壽者身上，成功地分離出了大量酶類物質，並獲得了諾貝爾醫學獎；而眾多的日本醫學家也發現，長壽老人腸內的菌群分佈十分合理，並根據他們的飲食結構和習慣，認定老人體內酶的豐富程度，決定了他們的健康長壽。

面對眾多的事實和案例，醫學界提出了一個大膽的假設：如果補充菌酶，讓體內酶和益生菌數量保持和長壽老人一樣的水準，人們活過一百歲將不再是夢想。

3.二百四十七天與三十秒：見證酶的催化力

小故事

一個醫學家做過一個實驗，將一澱粉溶液放在自然的環境中，讓它發生化學變化；給同樣容量的另一澱粉溶液加入兩滴澱粉酶，然後，對比兩組澱粉溶液。醫學家們驚訝地發現，加入澱粉酶的澱粉溶液顏色，在三十秒內就發生了變化，經驗證，澱粉分解成了糖。而放置在自然環境中的澱粉溶液顏色發生相同變化，則是在二百四十七天之後了。

這個實驗證明了酶的催化作用，可以將生化反應的速度提高上千萬倍。

我們每天都要吃飯，要將這些食物轉化爲身體所必需的能量，才能維持我們的生命。可是，我們想一想，一粒粒的米、一片片蔬菜進入我們的胃腸，是如何變成營養物質轉化爲能量的？

對於我們普通人來說，這個過程或許有些複雜，但是可以肯定的是，將食物轉化爲能量、營養成分的分解與合成，一定是一種化學反應。不過，就像建築房子一樣，不是說將水泥、磚塊放在一起，就能將房子疊起來。化學反應要發生，一定要有催化劑，即需要酶才有可能。沒有酶，可能什麼反應也不能進行，或者進行的十分緩慢。

上面這個小故事，可以用我們生活中的例子來說明。大家在吃饅頭的時候，會發現越嚼越甜，這是因爲我們唾液中分泌了澱粉酶，將饅頭中的澱粉分解成了麥芽糖，我們吃起來就會感覺很甜。如果沒有酶，就意味著我們吃下去的這個饅頭，要經過兩百四十七天，才能變成身體能夠利用的營養物質，很顯然，如果等兩百四十七天，人早就失去生命了。而有了酶的催化作用，這個過程只需要三十秒就可以完成了。

酶的催化作用，能夠幫助人們消化食物。

酶參與消化的過程，從食物進入口腔的那一刻就開始了。

當食物進入口腔，唾液會分泌多種酶攪拌在食物中，比如脂酶負責分解脂肪，澱粉酶分解澱粉（碳水化合物），磷酸葡萄糖異構酶分解糖份。我們在《跟朱丹溪學自我調養》中，提到了新谷弘實醫生認爲，人咀嚼食物應該在三十至五十次，再吞嚥下去。這是因爲咀嚼越充分，除了能最大限度搗碎食物，便於胃腸消化外，還能讓澱粉酶跟食物的攪拌更加充分，澱粉酶更能打破碳水化合物的細胞膜，完成最初的消化。

食物進入到胃中，消化道中的其他酶也不斷參與進來，促進食物的消化。到了小腸中時，食物將被胰腺和腸內所釋放出來的酶，完全分解成小分子的食物營養，在小腸內完成吸收工作。

食物消化的全過程，都離不開酶的參與。我們要促進食物消化，就要做足酶的「文章」。比如生食中，尤其是新鮮的蔬果中，含有豐富的酶，本身就可以幫助我們消化。因此，我們是不是應該改變生活習慣，多吃新鮮的蔬果，讓這些活力酶幫助消化。

小知識

「唾液腺按摩」催生更多酶

當下，感覺到口乾舌燥，被「口乾症」困擾的患者越來越多。「口乾症」的正式說法是「口腔乾燥症」，起初的症狀是口中發黏，舌苔發白。症狀持續惡化的話，則表現為失去味覺、口舌疼痛，出現強烈的口臭現象，嚴重影響正常生活。

如果唾液減少的話，體內酶的數量也會變的不足。透過按摩唾液腺，分泌更多唾液，除了濕潤口腔之外，還能啟動口腔中含有的兩百多種酶，使得口腔中的益生菌和有害菌保持平衡，可以在某種程度上療癒許多疾病，或者預防一些疾病的產生。

（北原文子）

我們進一步追問，爲什麼是酶，而不是其他物質擁有巨大的催化力？

我們先做一個實驗，將一張紙放在空氣中，它和氧氣有著充分接觸，隔幾天去看，發現那張紙還是原封不動，沒有變化。現在，我們用火柴將紙張點燃，它便分

解成了二氧化碳和水。這個公式爲：

紙張＋氧氣 ⟶ 二氧化碳＋水＋能量

在用火點燃之前與之後，物質並沒有發生變化，都是紙張和氧氣，關鍵點是用火加溫，讓前後結果完全不同。也就是說要讓反應發生，我們必須提供高於反應所需活化能的能量，在這個反應中，就是需要高於室內的溫度。

想像一下，活化能是不是像一座山峰，要讓反應發生，必須先越過這座山峰。假設智慧的大自然裡，各種化學反應要進行，沒有這樣一座「山峰」作爲區別和「標準」，將是多麼可怕。我們的紙自己會燃起來，加油站的汽油會自發爆炸，盛好的飯還沒有開始吃，就分解爲葡萄糖。

這是大自然中所呈現的化學反應，我們身體裡的所有分解、合成活動，也是一種化學反應。按照上面的分析，化學反應要進行，就要有滿足化學反應的活化能的溫度。因此，體內進行化學反應的時候，身體溫度應該不斷升高。不過，大家知道，我們身體的恒定溫度在三十六點五度左右，升高到三十九度、四十度已經很危險了。溫度如果再升高，我們的生命都將受到威脅。

顯然，用加熱的辦法促進體內的化學反應是不行的，那麼，可否用降低反應所需活化能的方式，來促進生化反應？原本這座活化能「山峰」海拔一千公尺，現在將它降到一百公尺，反應是不是就更容易進行？

非常幸運的是，身體裡的化學反應之所以能夠快速進行，就在於降低了活化能。身體中有一種專門降低活化能的系統，這套系統就是由酶組成的。

由此，大家可以明白，當酶充足的時候，生化反應加快，消化系統功能強大；當酶缺乏，活化能變高，反應很難進行。因此，攝入酶——尤其是消化酶，十分重要。

中國有一句養生古話叫「冬吃蘿蔔夏吃薑」，蘿蔔就是一種富含消化酶的食材。消化酶也叫澱粉酶，能夠幫助消化五穀雜糧中的澱粉，減輕胃的負擔。

除了消化酶，蘿蔔中含有的其他酶，對人體的肝膽腸機能的維護，都有很好的幫助。與中國相比，日本人跟蘿蔔的關係更深，這與當今日本人十分重視酶療法的觀念幾乎是一脈相承的。

古代每年的正月初七，日本有吃「七草粥」來祈禱健康和幸福的習俗，蘿蔔正

是「春之七草」之一。吃七草雖然是爲了祈禱健康和幸福，但是，這個民俗包含著很深的養生智慧。因爲正月裡，人們要走親訪友，免不了大吃大喝，給腸胃帶來了過大的壓力，而這時候多攝入蘿蔔，增加身體中的消化酶，有利於消化食物，減輕胃腸負擔。

從上面的例子來看，酶的催化作用，對身體消化吸收功能作用十分明顯。其實在一些醫學家看來，酶的催化能力是一種超能力——他能幫助身體的化學反應更快地進行，這是酶催化能力表現出的另一個方面。

比如，我們身體裡會出現一種叫過氧化氫的物質，它會對我們的身體造成傷害，身體必須要將它分解，這就需要酶來完成。這種酶有一個專有名字，叫「過氧化氫酶」，他一秒鐘可以分解九萬個過氧化氫分子。可以想像這種酶的強大！

再舉一個例子，我們的身體每一天會生產大量的二氧化碳，這些二氧化碳和水反應後，要被搬運到肺裡，透過呼吸呼出體外。這個過程也是一種叫脫羧酶的做到的，它可以在一秒鐘與十萬個二氧化碳分子發生反應。設想一下，如果沒有這種酶，或者酶比較缺乏，我們身體裡就會充滿二氧化碳，這樣我們根本就無法生存下去。

酶提升了腸胃消化吸收的效率，加快了生化反應的速度，但在這個過程中，酶本身是不會變化的，它就像是一個媒人，不斷地促成美好的姻緣。她瞭解附近村莊每一個男孩、女孩的情況，知道怎麼去搭配，從而加快這些男女婚姻成功的速度。

酶提升了腸胃消化吸收的效率，加快了生化反應的速度，但在這個過程中，酶本身是不會變化的，它就像是一個媒人，不斷地促成美好的姻緣。

也許有人會問，酶本身沒有變化，我們爲什麼要大量補充酶呢？因爲酶也是有壽命的，有的酶壽命只有短短幾個小時，長的可能幾天甚至幾十天。一些酶也可能因爲身體條件而被分解，誰來分解酶？依然是酶。

其實，我們身體中的細胞和物質，每一天都在分解和合成。可以這樣說，昨天的你，不是今天的你；幼稚園的你，也不是今天上完大學的你。這個過程中，酶也在不斷分解、合成、消耗。所以，如何保持身體中足夠的酶，對於健康來說十分重要。

4.酶是「工人」，荷爾蒙是「通信員」

小故事

在一堂健康諮詢課上，我講到了酶的「超能力」，一位學員提出了一個疑問：「如果酶擁有超能力，也很可怕。假設超人瘋了，不聽指揮，誰能夠控制它呢？如果它不做好事，恐怕會把我們的身體都搞壞吧？」

聽到這個問題，我真是非常高興。因為這位同學的問題，涉及到了酶與身體調節的關係問題，對認識酶，瞭解酶非常重要，對酶在身體裡的運作機制也能有所認識。

不知大家想過沒有，爲什麼我們身體的溫度，始終保持在三十六點五攝氏度左右，並不會因爲天氣變熱，身體溫度就變高，也不會因爲冬天到來，身體溫度也變低。原因許多朋友或許知道：天氣變暖的時候，身體會降低能量的釋放量；相反，天氣變冷，身體會釋放較多的能量，維持體溫。

能量是身體一系列化學反應的產物，身體中所有的化學反應，都需要酶的參與。設想一下，天氣變暖的時候，身體裡的酶不停地分解營養成分，不停釋放能量，結果將是體溫不斷升高，直到身體崩潰；冬天天氣變冷，身體裡的酶不發生作用，不釋放能量，很有可能人們將被凍死。

很顯然，對生命而言，調節酶的活動至關重要。實際上，恒定的體溫，指的是體溫的調節要適合酶的活動。也就是說，在這樣一個溫度範圍內，具有超能力的酶不會「發瘋」，而是按部就班地爲我們的健康「安心工作」。

那麼，究竟誰在「幕後」指揮這一切？

我們一步步來分析。

首先，我們要瞭解酶的工作機制。身體中有成千上萬種的酶，它們很有個性，也很有「骨氣」，因爲他們的專一。這麼多種類的酶像什麼呢？

我們去過建築工地就知道了，工地上有鋼筋工、水泥工、木工、水電工、放線

工等等，每一個工作都有專門的技術人員。比如，今天對於我們來說，最著急的是鋼筋沒有綁好，我們會怎麼做呢？當然是尋找更多的鋼筋工來，只有這樣才能迅速完成任務，讓工程不斷地進行下去。

細胞就是這樣做的，當某些部位需要做的事情增多，就會調更多的這方面的「工人」——酶，好讓事情快速做完。韓國科普作家李興雨，曾講過這麼一個故事來說明這個問題。

大腸桿菌分解葡萄糖來獲取能量，如果我們不給大腸桿菌葡萄糖，轉而給它乳糖，大腸桿菌會怎麼做？它只能先分解乳糖，從乳糖中分解出葡萄糖，這就需要分解乳糖的酶了。大腸桿菌要獲取能量，不得不請這樣的一個「工人」，他不得不製造分解乳糖的酶。大腸桿菌怎麼知道攝取了乳糖並製造對應的酶呢？這是因爲乳糖會對大腸桿菌的DNA造成影響，使它製造分解乳糖的酶，而DNA與酶的合成是有關係的。

最終調解身體的指令來自於大腦。其實，對於一個人來說，身體本身可以很好地調解自身，大腦如何發出指令呢？

透過荷爾蒙，荷爾蒙聯繫到每一個細胞，細胞就相當於接到了大腦的指令，就可以開始工作了。不過，荷爾蒙分為不同的種類，每一種類的使命不同，細胞也會根據荷爾蒙的種類來安排工作。如果是A種荷爾蒙來，細胞就會做A種工作；B種荷爾蒙來「敲門」，細胞就會做B種工作。很多時候，荷爾蒙叫醒細胞中正在睡覺的酶，然後一種酶叫醒另一種酶，醒來的酶又相互叫醒，這樣大大提高了工作效率。

荷爾蒙相當於是細胞工作的「通信員」，酶是根據通信員傳遞的指令開始幹活的「工人」。

5.補充酶，提升免疫力

小故事

一位著名的臺灣電視節目主持人，十幾年的從業經歷，讓她成績不俗，但是這十幾年，也是她備受亞健康困擾的歲月。胃三餐都疼，每天起床後不是頭疼，就是腰酸背疼；不到中午又累了，常常是上一個感冒剛好，下一個又緊接著來報到，加上經常犯的腸胃炎，身邊總是擺滿了各種藥物，成了名副其實的「藥罐子」。

後來，她找到醫生，醫生認為這一切都是免疫力差惹的禍，而免疫力變差背後的真正原因是……

臺灣著名的酶療法專家，被譽爲「酵素阿嬤」的林格帆女士說：酶是人體啓動生命力之源。人體所有的生命活動，都需要酶的參與，舉手、邁開步子、鼓掌，我們能想到的一切活動，都需要酶的參與才能完成。

總體來說，酶對人體有六大作用：水解作用、氧化作用、活化細胞作用、淨化血液作用、新陳代謝作用、免疫作用。在這一節裡，我們來談一談酶跟免疫的關係。

可以這樣說，人之所以會生病，幾乎都是免疫失調惹的禍。爲此，有醫學家提出一個口號：想要不生病，先顧免疫力。所謂免疫力，就是保護人體不受各種病原微生物侵害的能力。即使沒有外界的刺激，人體每一天依然會產生幾百個、上千個癌細胞。我們的免疫系統，就像是一張嚴密的防護網，控制或者抑制癌細胞的產生。如果這張網織的不牢，甚至有很大的漏洞，抑制癌細胞大量的增生將變的越來越難，罹患癌症的概率也就增加了。

在《跟朱丹溪學自我調養》和《跟岐伯學養生》中，可以看到我國傳統醫學對於治病始終是「以我爲主」，關注的是人自身，而不僅僅是疾病。自身調養好了，氣血順暢、陰陽調和，疾病自然療癒。其實，這種「以我爲主」的觀念，說到底就是要打牢身體的底子，強化人體自身的免疫系統，做到「百毒不侵」。因此，在西

方醫學家看來，免疫和自癒系統是世界上最好的醫生。

人的免疫系統爲什麼會失調呢？

要解決這個問題，我們還得先認識人體的免疫系統。

人體的免疫系統，就像是一支由多兵種組成的軍隊，軍隊分爲海陸空三軍，免疫系統主要由五大「軍種」組成：巨噬細胞、自然殺手細胞、乙類細胞、調節性T細胞以及輔助性T細胞。每一「軍種」有不同的職能，分別對付細菌、病毒、菌類（黴菌）等，將它們消滅，捍衛身體的健康。

免疫系統「戰鬥力」的分配也有講究，消化系統是最容易受到「敵人」入侵的地方，所以，免疫「部隊」調集三分之二的兵力，重點駐防在消化系統內外。另外三分之一會沿著血液和淋巴液循環，巡視身體內各個器官，防止各個細胞外膜遭「敵人」攻擊。

免疫系統主要由五大「軍種」組成：巨噬細胞、自然殺手細胞、乙類細胞、調節性T細胞以及輔助性T細胞。每一「軍種」有不同的職能，分別對付細菌、病毒、菌類（黴菌）等，將它們消滅，捍衛身體的健康。

這支「軍隊」的紀律也是很嚴明的。我們把每一個細胞比作一戶民宅，在一般情況下，這支「軍隊」是不會擅闖「民宅」的。所以說，當「敵人」潛入「民宅」內，「軍隊」並不會闖進去將它們殺死，誰來清理已經「登堂入室」的敵人呢？在後面將談及。說到這支「軍隊」不會闖入「民宅」，不過，也是有例外的，例如關節炎、風濕症、紅斑性狼瘡等症狀，就是免疫「部隊」誤闖「民宅」後，「自己人打自己人」的結果。

要讓這支「軍隊」能征善戰，築牢身體健康的防護堤，我們必須先做到爲「軍隊」提供足夠的糧餉。所謂足夠，並不僅僅是指份量，更重要的是品類，對於我們現代人來說，尤其要注意酶和維生素的補充。

在小故事中提到的臺灣著名節目主持人，她終於意識到「藥罐子」的根源，在於免疫力失調、變差。到底是什麼原因，造成了免疫力失調呢？經過長時間的研究、求醫問藥，她終於明白了是身體中酶的缺乏，造成了免疫力的失調。這位著名

主持人後來透過調整飲食，尤其是吃新鮮的、未經加工的全素食，比如蔬果、糙米、豆類、堅果等等。每天攝入幾杯新鮮的蔬果汁、活力酶，經過一系列的精心調理，給足了「免疫大軍」所需要的糧餉。免疫系統的戰鬥力增強了，困擾她多年的感冒、腸胃炎、疲勞感都漸漸消失了，曾經的「藥罐子」，變成了「健康達人」。

上面的分析讓我們瞭解到，酶的缺乏可能讓「免疫大軍」無法正常工作，至少是缺乏戰鬥力。另一方面，我們在上文中提到，「敵人」進入了「民宅」——細胞內，如何清除？如何讓細胞健康，進而保障免疫功能？

酶大顯身手的時候到了。人體除了各個大的系統——比如消化系統等，有完整的免疫防衛系統，在每一個細胞內，也有完整的防衛系統。這裡涉及到「第一階段酶」和「第二階段酶」，第一階段酶的作用，是將進入細胞內的有毒物質，分解爲無害物質；第二階段酶的功能更加強大，它的作用是分解侵入細胞中的癌毒素，防止「堡壘從內部被攻破」。如果將大的免疫系統比作軍隊的話，第一階段酶和第二階段酶則像社區民警，它們作戰的範圍雖然小，作用卻十分重要，它們能化解重大的健康隱患。

瞭解了酶和免疫系統的關係，我們要怎麼做，才能增強免疫系統的戰鬥力？

在《跟岐伯學養生》一書中，我們透過湯液醪醴，一定程度上，給讀者朋友們介紹了酶的知識，每一天從新鮮的蔬果汁中，攝入足夠的植物營養素，或者補充活力酶，都能增強人體的免疫力。不過，攝入這些營養成分，也是很有講究的，營養成分攝入方式不對，對健康的幫助就會大打折扣。換一句話說，我們需要在對的時間攝入酶和其他的植物營養素。

什麼時間算是對的時間？

按照生理時鐘進行攝養才算是正確的。我們身體裡有一個生理時鐘，當身體需要食物時，大腦中樞就吩咐「通信員」荷爾蒙傳遞饑餓的訊息；當身體十分疲倦的時候，大腦中樞就會分泌血清素，讓人想睡覺來緩解疲勞症狀；實際上，身體本身就是一個優秀的醫生，它懂得如何調理身心，讓身體健康。然而，絕大多數的人之所以會生病、長期亞健康，關鍵原因就是人為地打破了生理時鐘，不按生理時鐘安排做事。困倦感覺來臨，本是身體告訴我們「我該休息了」，人們卻用咖啡來強迫身體「打起精神」。諸如這般，對身體都是不小的傷害，長期下去，自然會破壞人體的免疫系統。

美國自然醫學博士、營養學博士吳永志先生，針對在對的時間攝入對的飲食有過精闢的闡述。他清晰地指出，身體生理時鐘可以分爲三個部分：

04:00～12:00　排洩時間

12:00～20:00　營養吸收時間

20:00～04:00　營養分配時間

在排洩時間裡，應該多攝入新鮮的高纖維蔬果汁，幫助消化器官和各細胞組織，排除多餘的毒素。很重要的排除毒素的方式是排便，保持一日三餐，最好也能保持一天排便三次，將大腸清除乾淨，防止宿便的產生。

排便能傳遞身體許多信號。一些朋友一天排便一次，有的甚至好幾天才排便一次，讓食物殘渣、身體廢物長時間在體內停留，這些有毒的殘留物會反複被小腸吸收，毒素進入血液，給肝臟解毒、腎臟排毒帶來巨大壓力。如果長期得不到改善，大腸裡就可能長出息肉，甚至罹患癌症。當然，對免疫系統也會造成很大的傷害。

從12:00到20:00是一天中營養吸收的時間，午餐就顯得尤其重要，這個時候是給「免疫部隊」補充軍餉的最好時間，我們要充分供給免疫系統喜歡的、能接受的軍餉。爲了便於大家瞭解，我們介紹一下吳永志先生的午餐食譜以供參考，在他所著的《不一樣的自然養生法》中，吳先生寫道：「通常我們在吃午餐前一個小時，先喝一杯蔬果汁，然後吃一大盤新鮮的各種顏色的蔬菜沙拉：胡蘿蔔絲、白蘿蔔絲、番茄切片或小顆番茄、少量的西洋芹切片、玉米粒、嫩菠菜葉、紫色包心菜絲、苜蓿芽以及微發芽的各種豆類。另外再加上少許的小茴香粉、薑絲、蒜片、切碎的香菜、紫蘇，最後再加入一大匙橄欖油、椰子油，以及檸檬汁或有機醋。」

我們沒有必要完全按照吳先生的食譜來吃午餐，而是要從這份食譜中讀出有用的資訊，那就是午餐還是要以新鮮的蔬果爲主，充分地補充酶和植物生化素。

至於晚餐，我們在《跟朱丹溪學自我調養》和《跟岐伯學養生》中，已經有了充分的論述，在這裡就不再贅述了。

最後一個非常重要的時間段，是20:00～04:00的營養分配時間，此時間段是身體內部分配營養、平衡營養的關鍵時間，是睡覺的黃金時間，也是黑色素指揮修補免疫系統的時間。免疫系統與病毒、細菌大規模作戰也在這個時間段裡，酶和其他

植物生化素開始排除細胞裡的毒素。

在《跟朱丹溪學自我調養》和《跟岐伯學養生》兩書中，我們都瞭解了睡「子午覺」的重要性，之所以重要，根源就在這個地方。

有一天，岐黃教育基地接待了一個女孩子，她以前可是一個「夜貓子」，很晚了都不睡覺。慢慢地，她發現自己的免疫力變的越來越差，很快，她不再熬夜了，每一天晚上八點多，她便睡覺了。不過，堅持了一段時間，她的免疫力並沒有大幅度提高，依舊常常感冒，常常感染上疾病。經過瞭解，我發現女孩的確改變了晚睡的習慣，但是，她的飲食習慣卻沒有改變，多葷少素，喜歡吃煎、炸、燒烤類的食物。我告訴她：「必須改變飲食習慣，才能提高免疫力，儘管晚睡的習慣改了，免疫系統可以工作了，不過，這些『免疫部隊』卻是饑餓地走上戰場，戰鬥力自然大打折扣。不給『免疫部隊』足夠的酶、植物生化素等糧餉，即使早睡覺，對免疫力提升的效果也不會那麼明顯。」

「想要不生病，先顧免疫力」，而身體內充足的酶、植物生化素，是保證免疫系統發揮作用的關鍵，明白了這一點，我們就更能知道如何提高自己的免疫力，爲健康服務了。

6.酶，助肝解毒的主力軍

小故事

一個朋友去醫院體檢，醫生讓他驗血。半個小時後，這位朋友拿著驗血報告單找到醫生，醫生看完後對他說：「你的肝臟有可能出了問題，需要進一步檢查。」

這個朋友一向認為自己身體不錯，沒想到肝臟有問題。醫生指著化驗單上GTP和GOT兩項，對他解釋道：「你這兩項已經嚴重超標了……」

GTP和GOT是肝細胞裡的兩種酶，這兩種酶是血液裡沒有的，如果肝細胞受損，這兩種酶就會從肝細胞裡脫離，並隨著血液流淌到全身。醫學界根據此原理，就可判斷出肝細胞是否受損，如果兩種酶的含量超標，就需要進一步檢查，確認肝臟是否出現了病變。

肝臟是人體裡最大的解毒器官，在《跟朱丹溪學自我調養》以及《跟岐伯學養生》中，我們都講到了肝臟。除了認識了肝臟是人體最大的解毒器官，是血液淨化之源，我們還瞭解到，肝臟是一個不會「哭」的器官，它會鞠躬盡瘁，死而後已，因爲肝臟裡沒有神經細胞，即使它發生病變，我們也很難在第一時間察覺。不過，就是這個不會「哭」的器官，對我們的健康卻有著舉足輕重的作用。

我們在進一步認識肝臟的重要作用，以及酶對肝臟功能發揮的幫助作用之前，我們先瞭解疾病甚至癌症產生的一個重要原因：堵。

許多不健康的症狀和疾病，幾乎都是某種「堵」造成的。

想像一下，當一個人到了撒哈拉沙漠，水用完了，跟外界的聯繫已經中斷，方向感已經喪失，情況非常糟糕危險，求生的本能，會讓他在這時候喝掉自己的尿液！他會尋找一切能讓自己活下去的東西，包括垃圾。

我們的身體也是一樣，當一個人肝臟解毒排毒功能受損、血液不乾淨，造成血管阻塞，細胞無法得到正常的氧氣和營養物質，它有兩個選擇，第一種受不了，就餓死了；另外一種細胞透過不斷地調整自己，適應饑餓的環境，從垃圾中撿食物，

最後，突變形成癌症。

另外一種受「堵」的重災區在大腸，大腸的不通暢，使得糞便裡的有毒物質一直停留，讓結腸處在有毒的環境中。這種狀況不改善，整個身體都會處在有毒的環境中，非常危險。

常見的腎臟感染或者腎衰竭，很多情況下，也是「堵」出來的。由於不良的生活習慣，不均衡的飲食，讓一個人的腎臟排尿系統，被鈣化的石頭或腎臟油脂廢棄物阻塞，尿液等廢棄物排不出去，滯留體內，不僅會導致體重增加，還有可能帶來十幾種疾病症狀。

以上相同或類似的身體之「堵」，直接或者間接地都跟肝臟功能不佳有關。除了解毒，肝臟還有數百種不同的功能：細胞的生長和發揮作用與肝臟有關；多數疾病的源頭也可以追溯至肝臟；肝臟隨時都在製造、處理和供應大量的營養，並將營養供給所有細胞；肝臟血管中有一種特化細胞，專門負責打掃從腸子到達肝臟的有害元素和感染性的有機物，並將這些廢棄物從膽管網中排出；肝臟還是負責配送和維持身體「燃料」供給的主要器官……

不過，肝臟種種重要的作用，都離不開酶的參與，尤其是在肝臟解毒方面，酶的幫助更是居功厥偉。爲了讓大家更加瞭解在肝臟解毒活動中，酶扮演的角色，我們從大家比較熟悉的「喝酒」談起。

大家想過沒有，爲什麼有的人能喝酒，而有的人不能喝酒？

爲什麼許多人一喝酒就臉紅、嘔吐、頭疼？

設想一下，當大量的酒精進入了體內，沒有器官將酒精分解，沒有器官能解毒，對身體將造成致命的傷害。幸運的是，我們身體中有一個解毒器官，那就是肝臟。當三杯酒下肚，大部分酒精將在肝臟中進行第一次分解，將酒精分解成乙醛，具體執行分解任務的是一種乙醇脫氫酶，這種酶還會對乙醛進一步分解，變成乙酸。

回到上面問到的第二個問題，爲什麼有的人喝酒會臉紅、嘔吐，原因在於此時還沒有被酶完全分解的乙醛發生了作用。假設一個平時不注意酶的攝入，還大量浪費酶的人飲酒過量了，肝臟沒有足夠的酶將酒精分解，或者分解到乙醛便沒有繼續分解下去所需的酶了，危險便開始了。他體內的乙醛不斷增多，嘔吐、頭疼不止，

甚至會導致嚴重的併發症，造成生命危險。所以，在新聞報導中，也不乏因爲喝酒而失去生命的悲痛案例。

至於有的人不能喝酒，喝上一杯啤酒也會醉，這是因爲這些朋友體內，沒有與酒精相關的酶或者這樣的酶不足。

今天，許多人之所以呈現出亞健康狀態，或多或少都跟肝臟的功能不彰有關係，而肝臟功能不彰的重要原因，很可能就是肝臟酶的缺乏。肝臟酶缺乏的原因主要有兩個：

酶攝入不足；常吃高溫烹飪過的食物。

肝臟內的酶消耗過大過快。由於不健康的飲食習慣，加重了肝臟解毒的負擔，也就是說，吃進去的許多有毒的東西，需要消耗肝臟更多的酶來解毒；另一方面，現代人精神壓力過大，也會消耗大量的酶。睡眠不足，或者作息時間紊亂，也是酶缺乏的原因。古人說「人臥而血歸肝」，保持精神愉悅，不過度勞作，保證睡眠時間和品質，都有助於減少體內酶的消耗。

我相信，每一個人都意識到了肝臟的重要性，更明白了酶對肝臟解毒的重要意義。因此，要讓肝臟更好地解毒，淨化血液，還身體一個乾淨的環境，就必須補充肝臟所必需的酶。

7.「清道夫」酶，讓血液乾淨，自然不生病

小故事

每年的七月十日，是日本的納豆節。納豆是黃豆透過納豆菌發酵而成，為一種食物專門設立一個節日，在世界範圍內也不多見，但對於日本來說，設立納豆節是有充足理由的。一九九六年，日本連續發生了O-157大腸桿菌病毒致死的流行病，引起了日本國民很大的恐慌。在這場流行病戰役中，立下了汗馬功勞的，竟然是一種不起眼的發酵豆子。從那以後，源自中國唐朝的納豆，成了日本國民每餐必需的食品……

身體裡所需的養分和營養物質，要透過血液運送，如果血液通暢，運送養分的效率很高，「物流」暢通，身體各個器官能得到營養成分的充分滋養，身體可能就

會很好；相反，血液流速很慢，「物流」不暢，甚至發生堵塞，營養物質到不了它的目的地，結果可能是身體某個部位發生病變，甚至造成整個系統的崩潰。

是什麼影響了血液的暢通？

影響血液流暢的物質主要有三種：血液中的膽固醇、三酸甘油酯、葡萄糖，它們含量的正常度決定了血液的流暢度。

影響血液流暢的物質主要有三種：血液中的膽固醇、三酸甘油酯、葡萄糖，它們含量的正常度決定了血液的流暢度。

如果一個人平衡飲食、健康飲食，這些血液中的成分，就能正常地發揮作用；如果某種物質攝取過量，多餘的物質就會在血液中堆積，使得血液變的黏稠而無法順暢流通。

比如，血液中的膽固醇，是由低密度脂蛋白（這是一種壞膽固醇）運送到全身，多餘的部分則由高密度脂蛋白（這是一種好膽固醇）回收。如果低密度脂蛋白

過多，高密度脂蛋白過少，就會造成膽固醇滯留在血液中。

同樣道理，三酸甘油酯過多，也會堆積在血液裡，使血液變得黏稠。同時，三酸甘油酯過多，必然會導致高密度脂蛋白減少，結果是血液中的膽固醇含量更高。

葡萄糖是人體不可缺少的營養物質，不過，攝入過多的葡萄糖，血液中葡萄糖的濃度不斷上升，血糖值也跟著不斷上升。血糖上升會帶來幾個嚴重後果：

胰臟爲了抑制血糖上升，會分泌更多的胰島素，這會增加胰臟的工作量，導致胰臟疲勞。長期如此，胰臟功能必然受到大的影響。

血糖值升高，會使血液容易凝結成塊狀，附著在血管內壁，形成血栓。

許多朋友很容易想像腸胃裡垃圾堆滿的情景，不容易理解血液裡的「垃圾」。在岐黃健康教育基地裡，我們給學員們看了許多權威的影片，影片中，權威的醫療專家們解剖了人的血管，看到的垃圾觸目驚心，十分震撼。學員們終於意識到，我們許多人的血液很「髒」，堆積了太多的垃圾了。渴望健康的人們，是時候關注我們的血液了。

隨著年齡的增長，我們的身體會越來越衰弱。衰老的表現有很多種，比如，柔軟有彈性的血管漸漸變得失去彈性，變硬、變脆，這就是所謂的動脈硬化。除了年齡，膽固醇、三酸甘油酯、葡萄糖過剩，也是加速動脈硬化的重要原因。

今天，一些朋友正在遭遇一種十分糟糕的情況：黏稠的血液遭遇了硬化甚至受損的血管。當這種情況發生，極容易導致血管堵塞，血流中斷，可能危及生命。

許多朋友都瞭解的腦梗塞，就屬於這種情況。如果是冠狀動脈發生栓塞，則會導致供血暫停，引發心絞痛；如果血液完全中斷，便會發生心肌梗死。另外，膽固醇、三酸甘油酯、葡萄糖過剩會造成血液黏稠，使血液流動不夠順暢，如果膽固醇含量過高，還容易形成膽結石；三酸甘油酯過高，則容易引發急性胰腺炎和形成脂肪肝。

認識了血液乾淨、避免血管硬化的重要意義後，接下來，我們要從今天日本人常吃的「納豆」講起，說明如何才能做到血液乾淨，避免血管硬化。

納豆之所以能淨化血液、溶解血栓，最關鍵的是它含有一種特殊成分——納豆激酶，這種酶是枯草桿菌在使黃豆發酵時產生的，其他豆類及其大豆產品中都沒有。

納豆激酶能抑制血纖維蛋白原，血纖維蛋白原是一種促使血液凝固的物質，所以，納豆激酶能夠改善黏稠的血液，防止血栓的形成。日本醫學家們透過臨床實驗發現：納豆激酶跟藥物尿激酶具有同樣的防止血栓的效果，而且，納豆激酶作用的時間長達八個小時，晚餐食用納豆，可以防止在早上發病的危險。

另外，日本醫學家們還在眼部血管閉塞症患者身上做了實驗，讓這些患者每天堅持吃一百克納豆，連續十天，結果所有患者的症狀都有了明顯的改善。吃一個月後，血管就能完全康復。所以，日本醫學家給日本國民建議，爲了防止血栓，保持血液循環順暢，每天應該吃五十克納豆。

科學家們發現，有許多酶都具有清除血液垃圾、防止動脈硬化的功效，比如輔酶Q10就是這樣的酶。不僅具有以上功能，輔酶Q10還能和其他酶一起抑制自由基的活性，預防癌症發生。美國科學家充分認識到輔酶Q10對保持血液流通、軟化血管的作用，將它開發成了藥物，專門治療缺血性心臟病和充血性心力衰竭。歸根到底，就是要充分利用酶的淨血作用。

和輔酶Q10一樣，許多能夠淨化血液、保護血管的酶，都會隨著人的年齡增長不斷減少。因此，從外界補充酶就變得十分關鍵。許多朋友會問，既然酶對淨化血液、防止血液黏稠、降脂作用如此明顯，爲什麼許多人的血液還是會變的黏稠？

這很可能是因爲這些朋友體內的酶不足，導致不能清除血液中的垃圾，不能降低膽固醇，分解三酸甘油酯。酶不足，根源於不當的生活方式，比如經常食用肉類、油膩的飯菜和甜點，就會不知不覺地攝取了過多的油脂和糖分，這都將大量消耗身體中的酶。同時，煎炒、油炸等高溫烹飪方式，使得食物中的酶的活性幾乎全部喪失。

飲食不規律，也可能造成血管的疾病。如果長時間不吃飯，或者兩頓飯的間隔時間過長，空腹時間過長，就容易造成一次吃的過多，血糖值就會上升很多，導致肥胖症。夜間進食容易造成膽固醇增加，所以，要格外注意。在《跟朱丹溪學自我調養》一書中，有「過午不食」一節，專門講述了晚餐少食對身體的好處；在《跟岐伯學養生》一書裡，我們也同樣強調了晚餐少食的重要性。

此外，運動量不足和精神壓力過大，對血液循環都將產生不良的影響。尤其是精神壓力，一些朋友僅僅把精神壓力當作一個情緒問題，其實，精神壓力處理不好，會給健康造成很大的危害。壓力過大時，人的血壓便會上升，當血壓上升到一定程度，會損害血管壁，同時，血液中的膽固醇含量也會上升，兩種作用下，就容易形成血栓。壓力長期持續下去，無法緩解，最終將加速動脈硬化，帶來疾病。

小測驗：

你的血液和血管健康嗎？

下列選項中，與你的情況相符的有幾項？符合的選項越多，就說明血液變黏稠，血管破損的危險性越高。

1、偏胖

2、容易暴飲暴食

3、喜歡甜食

4、喜歡肉類食品和油炸食品

5、口味重

6、很少吃蔬菜和海藻類食物

7、不吃早飯

8、晚飯吃的晚

9、大量飲酒

10、吸煙

11、每天大部分時間都坐著

12、一周內幾乎不做運動

13、不能好好地休息

14、休息日也放不下工作

15、睡眠時間不足六小時

16、時常感到有壓力

17、有糖尿病、中風、高血脂症或有高血壓家族病史

18、血糖值曾經過高

19、四十九歲以上

20、處於閉經期

結果判斷：

1～4項的人，現在還比較健康。

5～9項的人，需要從現在開始改善生活習慣。

10項以上的人，需要定期接受檢查，不放過任何疾病前兆。

——摘自（日）渡邊孝《血液清潔書》

8.酶與新陳代謝

小故事

老李患糖尿病好幾年了，一直在用藥物控制病情的發展，後來，他特別渴望能夠重新擁有健康。久病成醫，他也慢慢瞭解了糖尿病發生的原因，認識到作為一種代謝性疾病的糖尿病的特點。瞭解越深入，他越認識到過去的生活習慣，才是造成自己得糖尿病的主要原因。他在治療的同時，開始改變生活習慣，為身體補充酶，給器官的新陳代謝補充能量。經過一段時間的努力，他的糖尿病有了明顯的好轉……

新陳代謝，學術上的解釋是：新陳代謝是生物體內全部有序化學變化的總稱，其中的化學變化，絕大多數都是在酶的催化作用下完成的。它包括物質代謝和能量代謝兩個方面，生物體與外界環境之間的物質和能量交換，以及生物體內物質和能量的轉變過程，叫做新陳代謝。

從這個「解釋」中，我們可以瞭解到，身體中的任何代謝反應都離不開酶，我們能想到的每一種活動都需要酶的參與。可以說，生命的過程，就是不斷進行新陳代謝的過程。

比如我們走路和說話，需要支援肌肉活動的能量，促使酶從葡萄糖中轉化出來，然後再運輸到必要的地方進行儲存，這一系列的活動，需要細胞內的腺粒體以及細胞質裡酶的催化代謝作用。

除了酶，我們知道維生素和礦物質也是身體所必需的營養物質，絕大多數的維生素和礦物質，還統一有一個名字：輔酶。也就是說，大多數的酶要發揮催化、代謝的作用，還要靠輔酶的幫助，才能發揮作用，比如著名的輔酶Q10，就是一種幫助酶發揮作用的物質。它能幫助能量轉化，促進細胞的活性化，還有強大的抗氧化能力。所謂抗氧化能力，是指除去體內使細胞和血管氧化的活性酶的能力，抗氧化有助於防止衰老、預防癌症、美化肌膚，還能預防日常生活中的常見疾病。

說到酶的新陳代謝作用，在對許多疾病的治療中就可以體現出來，比如，典型的代謝性疾病糖尿病。

日本一家著名的糖尿病研究機構，充分運用酶的代謝作用，大大提高了糖尿病患者的治癒率，也大大緩解了患者的症狀，取得了良好的效果。

只要研究糖尿病發病機制，就能瞭解酶在治療、預防糖尿病方面的重要作用。糖尿病的發病機制，在於體內的胰島素絕對不足或者相對不足。有一些家族遺傳或者病毒感染，導致一部分人體內的胰島素絕對不足，造成糖代謝障礙，這就是所謂的I型糖尿病。這類病人的發病期，主要在青少年時期，體徵表現就是身體明顯偏瘦。

另一種所謂的II型糖尿病，又被稱爲肥胖型糖尿病，致病原因在於胰島素相對不足，這類糖尿病主要跟患者不良的飲食生活習慣有關係。

不管是I型糖尿病患者，還是II型糖尿病患者，他們大多數人有一個共同點：腸中澱粉酶明顯缺乏。一些醫學家做過這樣一個實驗，給患者補充澱粉酶，結果對胰島素的需求量明顯降低，這說明澱粉酶具有降低或者穩定血糖的效果。

還有一些醫生發現，當給糖尿病患者食用煮熟的澱粉類食物後，患者的血糖會明顯升高，並伴有身體疲勞、焦慮、反應慢等不適症狀，這種症狀至少要持續兩個小時才能慢慢消失，血糖也要在兩個小時之後才能緩慢下降。但是，當給糖尿病患者吃生澱粉類食品，血糖只會輕微升降，身體卻沒有任何不適症狀。兩項對比就能發現，當煮熟澱粉類食物後，食物中所含有的酶的活性被破壞殆盡，而這種澱粉酶不僅具有降低血糖的作用，還能改善微循環、滋潤神經、緩解糖尿病併發症。

在岐黃健康教育基地上，我給學員們說明了酶的催化代謝作用，對預防糖尿病的好處，而事實也證明了，一些已經患上糖尿病的朋友，在岐黃基地經過調理，病情得到了好轉。不過，有一些朋友很疑惑地問我：食用活力酶或者水果蔬菜，其中含有的糖分對糖尿病患者是不是不好？

不會，原因是水果中的糖分是天然的果糖，進入人體後會被緩慢地吸收，不會一下子湧進血液。與人工加工製造的白砂糖不同，天然的果糖被細胞吸收的時候，不需要胰島素幫忙，因此，不會產生胰島素被過度使用的問題。

當然，不只是糖尿病，許多代謝性疾病的預防都需要酶，原因在於酶的新陳代謝作用和能力，是其他任何物質都無法取代的。

9.酶，降低高血脂

小故事

吳先生在一家廣告公司做文案，每天坐著的時間超過十四個小時，包括辦公、開車、看電視等。他也基本不做運動，也從不控制膳食，攝入的新鮮蔬菜嚴重不足，大魚大肉倒是攝入了不少。去年體檢發現血中的三酸甘油酯、膽固醇遠遠超出正常值，並伴有中度脂肪肝，體內脂肪重量占體重的三分之一。醫生診斷吳先生有患冠心病的危險，必須改變生活習慣，同時治療，降低血脂……

今天，一些朋友不經意間得了高血脂、動脈硬化、脂肪肝等疾病。高血脂的形成原因比較複雜，但是，一般都與飲食習慣不當有關係。

在岐黃課堂上，曾經來了一個朋友，他看東西一陣清晰一陣模糊。如果坐著不動，不大一會兒，腿很容易抽筋，並感到一陣陣刺痛；頭腦常常不清醒，尤其是午餐之後，特別容易犯困；晚上該睡覺的時候，卻時常很清醒，不易睡著。他的手上長了不少黑斑，記憶力反應力明顯減退。他的症狀表現出來爲高血脂，高血脂是引起腦中風、膽石症、高尿酸症的元兇之一，必須引起重視。我們仔細詢問了他的飲食方式，發現這位朋友特別愛吃肉，所有的食物幾乎都是經過高溫烹飪過。經過高溫烹飪後，食物中的酶的活性已經被破壞，這些高熱量、高脂肪的東西吃下去之後，不能得到充分消化，過剩的熱量就會轉化爲膽固醇儲存起來，長期下去，就會形成高血脂、脂肪肝等疾病。

可以說，高血脂跟膽固醇的關係十分密切，要想降低血脂，根本的辦法是要降低膽固醇。在前面，我們在講血液淨化的時候，已經談到了膽固醇。膽固醇指的是被人體攝取的脂肪未被分解成爲養分，囤積在體內，變成了膽固醇或者脂肪廢棄物。

血液中的膽固醇過多，會使血液變的黏稠，流動性變差。如果過剩的膽固醇不能得到有效處理，它就會附著在血管內壁，損害血管，使血管硬化，並使血管的空間變窄，甚至堵塞，整個血管所受的壓力都會增大，於是形成了高血壓，嚴重的甚至會發生腦溢血，危及生命。

不過，是不是膽固醇越少越好呢？不是，即使一個人一點脂肪和油都不攝入，肝臟每一天也要加工一千到一千五百毫升的膽固醇，用來合成膽汁、荷爾蒙以及維生素D_3。肝臟會將壞的膽固醇、廢棄的脂肪、氧化的油、多餘的毒素送進膽囊，膽囊將這些廢物製成膽汁，膽汁順著十二指腸進入小腸裡，幫助分解脂肪和吃進去的油脂，並將它們分解爲油酸，部分油酸會被肝臟靜脈或者淋巴管吸收，或者被送入大腸內。

膽汁沿著小腸進入大腸的過程，能夠潤滑大腸壁，幫助腸道蠕動，加快排便，保持腸道乾淨。假如我們攝入過多的不易消化的脂肪，留在腸道內形成宿便，容易造成便秘。膽汁在腸道內停留過久，會被重新回收至肝臟，肝臟的負擔就會被加重，同時也會使膽固醇升高。

我們身體裡的膽囊，只是一個小小的袋裝型器官，無法容納過多的壞的膽固醇、毒素。過多的膽固醇和毒素被留在肝臟內，重新進入到血液中，使得血液不乾淨，毒素會隨著血液流動帶至全身。

如果膽囊中的膽汁無法排出十二指腸，久而久之，膽汁就會變的黏稠、乾燥，從而形成膽結石。膽結石的形成更會阻礙膽汁的流動，進入腸道的膽汁變少，分解脂肪的重擔全部落在了脂肪酶上，時間久了，就會導致一個必然的結果：脂肪分解不完，過多的脂肪留在腸道裡，形成毒素和宿便，使體內的膽固醇不斷升高。實際上，一個惡性循環已經形成了。

今天，不少朋友已經有了高血脂，他們不得不想辦法使用藥物來降低膽固醇，降低高血脂，這又造成一個問題：膽固醇過低，肝臟沒有辦法合成足夠的荷爾蒙，這樣會加速人的老化、陽痿、性無能等問題。

在前文中，我們已經提到過一種極其重要的輔酶——輔酶Q10。製造輔酶Q10和肝臟製造膽固醇所用的是同一條管道，用藥物硬性地降低膽固醇，關閉這條管道，就意味著身體裡很難有足夠的輔酶Q10。這是很危險的，因為輔酶Q10的缺

乏，很容易造成心肌無法伸展和收縮，導致心臟停止跳動而死亡。所以，關閉這條通道是不可行的，正確的做法應該是在降低膽固醇的同時，要注意補充輔酶Q10。

其實，運用藥物降低膽固醇，未必就是一個非常好的方法。最好的方式，還是透過「自然」的方法來降低膽固醇，透過改變飲食方式和生活方式，攝入充足的酶，讓酶充當「血液清道夫」的角色，充分地分解脂肪，這或許才是降低膽固醇的根本之道。

在岐黃健康教育課上，許多學員經過活力酶的調理，高血脂情況已經得到了明顯的改善。事實證明，酶對於降低膽固醇，進而降低高血脂的作用是非常明顯的，能夠給渴望降低高血脂的朋友帶來一些思考。最後，我介紹美國自然醫學博士吳永志先生的降低膽固醇的方法，或許能給你帶來一些收穫。

降低膽固醇的兩大步驟

第一步，保持一天三到四次排便。

可維持一天喝六杯蔬果原汁，搭配兩盤生菜沙拉與十穀豆米飯，加上服食全天然的纖維粉（纖維粉並不會影響腸子蠕動過快，也不會拉肚子，建議選擇無色、無味，不含人工色素和無添加果糖甜味的為佳），以及一天飲用八杯好水，記得要慢慢地喝水，才能有效地幫助排便。

一天若能保持三到四次排便，不僅可以排除體內宿便，還能確保吃進的食用油、脂肪不被回收到肝臟，從而減輕肝臟負荷，使其恢復正常功能。

第二步，打通膽囊，排除膽結石。

要排除膽結石，必須先一天有三到四次的排便，給予腸道空間，才能將膽結石排掉。在美國，一年約有一百萬人因為膽結石被割掉膽囊，數量非常驚人。許多人因為無知，白白地被醫生割掉這個十分重要的小器官，實際上只要四天時間，就能將膽結石以自然的方式排出體外，並不複雜。

——摘自吳永志《不一樣的自然養生法》

10.酶，改善「炎症」的功臣

小故事

一個六十多歲的社區大媽，多年前就患有肌膚過敏的毛病，局部皮膚具有紅腫、皮疹、奇癢難耐等症狀，反複發作且難以根治……後來，這位大媽還患上了關節炎，影響了關節的正常活動，也大大地影響了生活，吃了不少藥，也沒有徹底治癒。

最後，大媽還是透過改變生活習慣，改變飲食習慣，給身體補充足夠的酶，利用酶活化細胞、修復皮膚的功能，徹底讓多年的過敏症狀消失了，關節問題也得到了更好的解決。

許多人常常在不經意的時候，發現皮膚出現了問題，就像小故事裡的大媽一樣。皮膚炎症在西醫上還沒有很好的治療手段，一般採用鈣劑抗敏，止癢劑或者皮質醇激素類藥膏外用爲主。但是，這些手段並不能從根本上解決問題。

皮膚常出現問題，不夠光潔，究其根源，還在於體內毒素過多。

我們在《跟朱丹溪學自我調養》一書中，講到過一個案例。一個白領女孩一天早上起床，照鏡子突然發現自己臉上長了紅斑，找了許多醫生也沒能治好。最後找到一個名醫，透過調理飲食習慣和生活作息，就讓她的紅斑徹底消失了。這位名醫按照《黃帝內經》中的陰陽調和、氣血充盈的觀點來看待紅斑，抓到了問題的根本。

研究人員發現，許多皮膚炎患者透過改變生活習慣和飲食習慣，服用活力酶，給身體補充足夠的酶，炎症的症狀有了明顯的好轉。補充活力酶的過程放在中醫上來講，何嘗不是讓陰陽平衡、氣血通暢的過程？從西醫角度來看，酶的抗炎是有其充分道理的。皮膚炎患者正是由於體內的酶缺乏，導致體內某些特殊的蛋白質或脂肪類物質無法被分解，成爲過敏原。過敏原引發抗體反應，表現在外就是皮膚炎症，而酶可以強化對過敏原的分解，使過敏反應減輕而症狀好轉。

生活中，常常見到這樣的朋友，它們可能對花粉過敏，或者吃海鮮、海產品的時候，會出現流鼻涕、打噴嚏的過敏現象，比較嚴重的甚至會出現哮喘。之所以會出現這些症狀，據現代醫學證實，根源在於他們體內缺乏分解這些物質的酶所導致。

現代醫學認爲，過敏性疾病往往與過敏原有一定的關係，過敏原作爲抗原進入人體後，體內就會產生相應的抗體，抗原與抗體相結合，就會產生抗原抗體反應，表現在臨床上就是各種過敏症狀。遇到過敏性疾病，醫生會首先詢問病史，或透過檢查迅速找到過敏原，讓患者透過避開過敏原，可以讓症狀得到緩解。在一些大醫院，可以進行過敏原檢測診斷，找到過敏原，然後進行脫敏治療。基本原理是：把引起過敏的物質經過滅活或減毒，以小劑量注射到人體，因爲是小劑量，基本上不會引發人體較爲強烈的過敏反應，這樣反複多次，讓身體逐漸接受並適應。一段時間之後，這種過敏原對於他來說，就不算敏感了。對於患者來說，這是一個不錯的辦法，但是還有更好的辦法，那就是我們已經知道了過敏與體內酶的缺乏有關，我們是否可以早一點補充身體裡的酶，改善體質，從根本上消除可能出現過敏症狀的可能。

除了皮膚炎以及一些過敏症狀，醫學家們還發現，困惑老年人的關節炎和關節疼痛，跟酶的缺乏也有直接和間接的關係。小腸內酶的缺乏，使得某些蛋白質無法被分解，而這正是誘發關節炎疾病的重要原因之一，也就是說關節炎發病原因不在關節炎本身，而在於代謝失調。

困惑老年人的關節炎和關節疼痛，跟酶的缺乏也有直接和間接的關係。小腸內酶的缺乏，使得某些蛋白質無法被分解，而這正是誘發關節炎疾病的重要原因之一，也就是說關節炎發病原因不在關節炎本身，而在於代謝失調。

爲了驗證此論斷，美國一些權威醫學機構做了大量的實驗，比如，他們對七百多名風濕性和類風濕性關節炎患者，進行活力酶治療，爲了保證實驗的可靠性和嚴謹性，整個過程持續了七年，實驗的絕大多數患者，症狀得到了明顯的改善。研究人員提交的研究報告指出：患者透過改善飲食，攝入足夠的酶之後，輕者數周症狀

就可以獲得改善；病情較重的，改善的時間稍微長一些，但是，最後都得到了滿意的效果。因此，這份報告也鄭重指出，預防風濕性和類風濕性關節炎，應該及早服用活力酶，摒棄不科學的飲食習慣，保證身體裡所需要的酶，這才是預防風濕性和類風濕性關節炎，以及其他過敏性疾病的最好的方法。

11. 酶，對抗癌症的有力武器

小故事

奎林博士是美國一家癌症醫院的副院長，他本身還是美國著名的營養學專家。他在《如何用營養擊退癌症》一書中強調，喝蔬果汁，攝入豐富的酶，可以在一定程度上預防癌症。奎林博士在他所在的醫院進行了長時間的實驗，結果證明了經過一段時間的蔬果汁攝入、豐富的酶攝入後，能夠讓一部分癌症病人的病情有所好轉。在另一個實驗中，奎林博士驗證了活力酶的巨大功效：攝入充分的酶的人，患癌症的概率遠遠低於酶缺乏的人群。

在前面，我們已經瞭解了酶對提升身體免疫力的關鍵作用，如果一個人擁有強大的免疫力，就像給身體穿上了最好的防護服，得癌症的機率自然就小的多；相

反，一個體內沒有充足酶的人，就很難擁有好的免疫力，防禦癌症的能力自然就低一些。從這個意義上說，酶的充足與否與預防癌症息息相關。

正常情況下，一個人身體要健康，每一天都必須攝入數十種營養物質和酶，這是人體各臟器和組織維持其正常功能所必需的。如果營養物質和酶不足，就有可能造成兩種後果：一是人體正常活動所需的酶，只有透過其他組織的酶來供應，就必然導致體內的酶消耗過多。二是細胞中缺乏酶，使得細胞的代謝功能產生障礙，細胞基因就有可能發生突變引發癌症。

研究人員研究癌細胞發現，絕大多數癌細胞內部，並沒有酶這種物質的存在，爲了生存和壯大，癌細胞會不斷地新建血管，吸收營養物質，跟正常的器官和組織爭搶「地盤」，給其他器官和組織造成大的損害，最後引發身體臟器功能的衰竭。「酶之父」愛德華．豪爾博士說，如果體內酶充足，就會促進細胞穩定正常運作，即使一些細胞出現異常，也能很快地扭轉局面，不至於造成不可挽回的後果。

一些朋友患了癌症，很可能要經過手術、化療、放療等各種治療手段。不可否認，這些不得不採取的醫療手段，有很大的副作用，會給病人造成很大的精神痛苦和負擔。絕大多數人的身體，呈現出十分虛弱的狀態，這時候，亟待補充營養，活力酶作爲包含絕大多數營養的營養品，在幫助病人康復、減輕疾病痛苦等方面，自然有著其他營養物質無法取代的功效。

那麼，我們要怎麼做，才能眞正地預防癌症的發生，甚至幫助癌症病人的病情好轉呢？世界營養學權威科林．坎貝爾博士說：「對抗癌症最有力的武器，就是每天我們所吃的食物！」他的話揭示了一個眞理：預防、治療癌症，應該將改善飲食放在重要方面。

美國《讀者文摘》上報導過一位年輕婦女，罹患肺癌第三期，嘗試過各種療法，效果都不理想。醫生百思不得其解，最後將問題鎖定在了她的飲食上。醫生決定改變她原有的飲食習慣，多吃蔬果、穀類等全天然的食物，補充身體裡的酶和各種生化營養素，經過一段時間後，呈現出了驚人的效果。這說明結合外在的醫療技術，同時用營養素激發患者體內的自癒能力，就能在某種程度上提高戰勝癌症的機會。

英國有一位已經七十多歲的老先生罹患膀胱癌，因爲腫瘤不小，加上老人年紀很大，只能採取保守治療。每隔一段時間，老人就會回醫院復查，五年時間裡，每一次復查，醫生都會發現老人的腫瘤越來越小，直至消失，這個結果引起了醫生們濃厚的興趣。老人說：「我沒有做什麼特別的事，只是每一天都定時喝上一杯西蘭花、胡蘿蔔和蘋果打的蔬果汁而已。」

爲什麼全天然的蔬果，具有預防癌症的功效呢？這是因爲全天然蔬果具有以下幾個重要的作用。

第一，活化免疫細胞。

蔬果中含有豐富的酶，可以加快新陳代謝的速度和效果，讓免疫細胞的活動能力更強。蔬果中還含有豐富的多糖體，可以增加自然殺手細胞及T細胞，這樣的細胞可用來攻擊和呑噬癌細胞；相反，這些物質缺乏時，癌細胞就很難得到有效的抑制。除了酶，含有豐富多糖的植物還有山藥、白木耳、南瓜、薏仁等等。

第二，誘使癌細胞良性分化，抑制腫瘤生長。

第三，抑制血管增生，起到抗氧化作用，避免人體細胞受到自由基的傷害。

許多新鮮的蔬果中，含有豐富的番茄紅素，比如大蒜、葡萄、大豆、洋蔥等。番茄紅素可以在一定程度上，使癌細胞的血液停止供應，抑制其生長和轉移。哈佛大學在一九九五年做過一個研究，一周吃十個以上番茄的男性，患攝護腺癌的機率降低了百分之三十五。以色列科學家也做過研究，番茄紅素對預防乳腺癌有很大的幫助。

《聖經》創世紀第一章第二十九節中有一句話：「看啊！長在地面上有種子的花草蔬菜，和長在樹上有種子的水果，就是你們的食物。」其實，給身體補充足夠的酶和植物營養素，不僅可以最大限度地預防癌症，也是一種環保的、合乎自然的生活調養方式。

在臺灣，一位曾經經歷過癌症，最後經過自然的方式調理，給身體補充酶和植物營養素，贏得了癌症的考驗。她用親身經歷總結出了「癌症患者的飲食守則」，不單單對癌症患者有所幫助，對於想預防癌症的人來說，也理應有所啓迪。

癌症患者的飲食守則：

・重均衡助消化

少油少肉高纖維，多吃蔬菜、水果、五穀雜糧、豆類等全食物，連皮帶籽磨碎之後更容易消化吸收。一般人吃蔬果五—七—九，癌症患者則建議七—九—十一。

・用心打理三餐

早餐可以喝芽苗加蔬果打成的精力湯，或者喝五穀雜糧磨成的奶漿，下午喝蔬果精力湯。午餐、晚餐吃些少量的米粥，如糙米薏仁芡實粥，加上各種蔬菜、豆類。如果胃口不好，可以少量多餐，把蔬果精力湯或五穀雜糧、奶漿當成餐與餐之間的點心，補充營養。

・依照體質調配食材

食材調配要依據病人的身體狀況而定，如果體質燥熱、有便秘現象，可多加些高纖維蔬果；身體虛弱，蔬果太寒，可以放堅果或少許薑片，維持寒熱平衡。如果怕太冰涼、胃不舒服，可將蔬果放在室溫中。

・菜色多做變化

菜色的變化，是爲了經常替換不同的食材，把握均衡多元的原則，對預防癌症才有更大的幫助。

「酶」好心情喝出來

當酶缺乏，將導致嚴重的後果，身體的代謝功能降低，身體裡的廢物和毒素無法排出，這樣就會嚴重影響身體的健康，健康受到影響後，也必然會影響精神和情緒的穩定。

1. 酶，激發大腦活力，做個有創意的人

小故事

北京一位著名的作家、美食家，近五年來，一直沒有好的作品問世，他自己也非常著急。因為有一種「江郎才盡」的感覺，每一天他的腦袋都是昏昏沉沉的，一幹活就覺得十分疲倦，晚上還常常出虛汗，如果一思考問題，頭又開始疼。

後來，這位作家來到了岐黃健康教育基地。經過瞭解，我認為他這幾年就是被「美食」惹的禍。他有很多應酬，作為美食家，吃遍四方，盡是肥甘厚味，體內的酶嚴重不足，毒素很多。果然，在岐黃基地，他排出了許多各種顏色的宿便，他自己都驚呆了。最後，面對這個問題，他改變了飲食結構，攝入大量的天然蔬果，並定期排除體內的毒素，結果效果非常明顯，最大的改變是他覺得自己變「輕」了，精神爽脫了，頭腦再也不沉重了，身體健康的結果是創造力的回歸。從岐黃健康基

地回去幾個月的時間裡，他就創作出了好幾部作品，獲得了文化界良好的迴響。

身體就像一部結構十分精密的機器，每一個部位出現問題，都會牽一髮而動全身。當然，人體比機器更加高級，因爲它不是冷冰冰的，它有思維、有情感、有記憶、有精神。

思維、情感、記憶、精神都跟身體的健康度密切相關，反過來，它們又在相當程度上決定了身體的健康度。因此，我們談到酶對身體的極端重要性的時候，實際上也可以說，酶的豐富度，也在一定程度上決定了我們的精神健康度。

現代社會，每一個人都面臨著殘酷的社會競爭，我們需要聰明智慧的大腦，幫助應對生存和發展中所面對的挑戰。

試想想，當我們身體的酶不足，對蛋白質、脂肪的分解代謝不足，大量的「垃圾」、「毒素」堆積在身體中，消耗身體所需的營養物質。而在身體各個部位中，大腦消耗能量是最大的，正常的思考需要消耗大量的氧和糖，兩者供應不足的時候，就會出現注意力不集中、失眠、昏睡、脾氣暴躁，甚至神志不清等問題。

人的神經系統由大腦的下丘體控制，下丘體經由神經系統接收人體全部訊息：精神狀態、饑餓感、體溫等等。因爲酶的不足，身體各個器官出現問題，必然會影響到大腦營養物質的供給，也進一步會讓下丘體對人的精神狀態的控制出現偏差，這些都會對一個人思考問題、判斷問題產生影響。

在《跟朱丹溪學自我調養》中，曾經講過一個案例。一個高三的學生因爲學業壓力很大，父母爲了關懷孩子，每一天都會給他準備許多大魚大肉，十分關注孩子的「營養」狀況。結果，充足的「營養」不僅讓孩子臉上長出了許多的痘痘，還給孩子的精神帶來了影響：每一天，孩子在課堂上像沒有睡醒似的，回答問題思路不清晰，早晨應該是一天精神最好的時候，可是孩子卻說，起床之後感覺頭腦迷迷糊糊的。

這樣的狀態持續不到兩個月，孩子的月考成績下降了許多，家長著急了，找到了醫生。醫生診斷認爲，這樣補充「營養」是不科學的，應該給孩子補充更多的新鮮蔬果，合理搭配營養，而不是想當然地認爲大魚大肉就是營養。而且長期單一地食用高溫烹飪過的食物，酶的活性早已喪失，導致體內酶不充足，新陳代謝的功能

有所下降，必然給身體帶來不良影響，自然會影響大腦的思維能力。

除了酶，大腦所需的許多營養成分，實際上都是可以從新鮮蔬果中得到的。比如人要充滿創造力，身體充滿活力，就必須讓大腦多分泌血清素。血清素來源於色氨酸，色氨酸是氨基酸的一種，它是身體裡不能合成的一種物質，必須從食物中攝取。大豆、草莓、奇異果、柿子、堅果、芝麻、海藻等都含有豐富的色氨酸，在飲食搭配上，多加入這些新鮮食材，再加上多做咀嚼運動和多曬太陽，都能幫助人們激發大腦的活性。

2. 擁有「嗨」，好心情並不難

小故事

有一個學佛的女子，耳朵接近失聰，盜汗，甚至開始抽筋，巨闕穴和腎經上幽門穴附近還出現了腫塊，巨闕穴腫塊實際上暗示了這個女子的心臟，也可能出現了問題。

這位女子曾經很健康，之後表現出來的第一個症狀是耳鳴，漸漸地發展到聽力出現問題。仔細追問，那是在一九九五年，她被人冤枉，讓她十分鬱悶；老公做生意，也被好朋友騙了個精光，多重打擊下，讓她的身體亮起了紅燈。

後經醫生診斷，認為這位女士的病例，屬於典型的情志致病……

俗話說「快樂由心生」，每一個人都渴望擁有好的心情。心情好，情緒穩定對健康也很有幫助。但是，我們很遺憾地看到，生活中，眞正收穫了身心喜樂的朋友並不多。這樣的結果，背後一定有很多原因，本文試圖從「酶」的角度，來揭示好心情的得來也許並沒有那麼難，只要你掌握了正確的方法。

張師傅是一個社區的自行車修理工，他臉色蠟黃，修理生意非常不好，原因是他特別愛發火，顧客在他這裡得不到尊重；相反，還會常常被他一陣「教訓」。可以想像，即使再好的地段、再多的需求，張師傅的生意也不可能好。晚上回到家，他一不小心，又容易跟家裡人吵鬧起來，弄的家庭也很不和諧，他自己也很鬱悶，每一次吵架、生完氣之後，他的心總會一陣一陣地疼。他其實也不想這樣，可就是控制不住。

後來，張師傅找到了一個著名的中醫。中醫診斷認爲，他這是肝火過旺引起的情志疾病，需要慢慢調理，需要改變飲食習慣，尤其是多攝入新鮮蔬果，讓營養均衡，在此基礎上，配合醫生治療。堅持下去，就能慢慢降低肝火，容易上火生氣的問題就能得到解決了。

張師傅吸煙的時間很長了，而且還喜歡喝酒，因爲要做生意，作息也很不規律。可以說，多種因素綜合起來，導致他體內的酶缺乏，對肝臟解毒以及其他活動都會產生不良影響。

當酶缺乏，將導致嚴重的後果，身體的代謝功能降低，身體裡的廢物和毒素無法排出，這樣就會嚴重影響身體的健康，健康受到影響後，也必然會影響精神和情緒的穩定。

當酶缺乏，將導致嚴重的後果，身體的代謝功能降低，身體裡的廢物和毒素無法排出，這樣就會嚴重影響身體的健康，健康受到影響後，也必然會影響精神和情緒的穩定。

如果細心觀察，我們會發現常年吃素的朋友精神奕奕、情緒穩定、處事淡定。一些高僧大德面對泰山崩於前而能面不改色，心情永遠像一汪清澈的湖水一樣平

靜。除了因爲他們修行到了非常高的境界，他們的飲食、作息規律也是讓他們擁有良好情緒的關鍵。

相反，一些特別愛吃高溫烹飪的、肉食的，甚至是野生珍禽異獸的朋友，在情緒上可能就容易出現波動。情緒的波動與內分泌腺密切相關，內分泌腺的正常運作，需要充足的酶和各種微量元素，比如甲狀腺需要碘，腎上腺需要維生素C。然而，高溫烹飪過的許多食物，不僅讓酶失去了活性，也會讓其他的維生素缺失，造成內分泌腺不能正常工作。

人的腺體受大腦刺激分泌荷爾蒙，在前文中，我們瞭解到荷爾蒙扮演著通信員的角色。當血液中的養分供給內分泌腺不夠的時候，下丘體就會刺激食欲，讓人產生饑餓感。不過一個人吃進去高溫烹飪過的食物，並不能給內分泌腺提供它所需要的營養物質。因此，下丘體就會繼續刺激食欲，讓人產生饑餓感，這就容易導致一個人暴飲暴食，形成肥胖症，甚至會進一步引發心臟疾病、高血壓等。

體內酶的缺乏，可能會造成血糖的快速升降，也會讓一個人的情緒起伏很大，嚴重的可能讓一個人心智失衡。

回到文前小故事中的學佛女士那兒，我們可以發現，一個人不良的情志可以破壞健康。要治療這種疾病，讓女士重回健康，除了在情緒和精神等方面努力外，透過補充酶來改善體質，促進身體新陳代謝。身體的好轉，也必然會在某種程度上，帶動精神情緒的健康穩定，精神情緒的健康穩定，又會反過來作用於身體，形成良性循環。

3. 酶需要好水

小故事

我們將一顆種子撒在乾涸的土地上，仔細觀察，這顆種子是不會發芽的，但是如果下雨的話，這顆種子就很可能會發芽。其實，發芽是指種子內部合成了新的物質，合成物質的時候是需要能量的。當我們將許多發芽的種子放在一起的時候，將手伸進去，是能感受到發芽種子內部的熱量的。

假設營養成分沒有被分解，就不可能產生能量。分解營養成分是一個化學反應，需要酶的催化作用。

從一顆種子的發芽過程，我們是否可以瞭解到酶與水的關係呢？

我們都用過洗衣粉，洗衣粉利用了酶的分解作用，將污漬、有毒物質分解。我們使用洗衣粉有一個步驟：將洗衣粉倒入水中充分溶解。從沒有見過一個人直接用洗衣粉「乾洗」衣服，爲什麼會這樣呢？

這個問題的答案，跟小故事中問題的答案是一樣的，那就是酶要發揮功效是有條件的，它需要水的支援。下雨時，種子能夠充分吸收水分，酶就能打起「精神」開始活動了。需要指出的是，酶的活動並不是只需要水，但是如果沒有水，酶的活動將很難進行下去。

我們的身體百分之七十都是水分，嬰兒的身體水分占比達到了百分之九十。酶通常就是漂浮在水中的，想像一下細胞，它也是充滿了水的，酶就出現在細胞內的水中。可以想像水對酶的重要意義，進一步也就不難理解，「水是生命之源」這句話的含義了。

要更深入地認識水與酶的關係，我們就必須瞭解酶與底物的關係。酶要發揮催化、代謝等各種作用，必須要和一些物質接觸，與酶接觸的物質就叫底物。唾液中澱粉酶分解澱粉的時候，澱粉就扮演著底物的角色。

想像一下，底物和酶都在水中漂浮，每一秒鐘將發生數萬次接觸的情形。就像炎炎夏日，成百上千的人在海裡游泳，大家擠在一起，要跟認識的人接觸，顯然不能亂接觸。酶的專一性，讓它只會與跟它相關的底物接觸，這種接觸，沒有明確的目標，是一種「偶然遇見」。底物的運動速度比酶還要快，絕大多數時候是底物一頭撞上了酶，發生了化學反應。酶的「超級能力」表現在只要底物一撞上酶，酶就能在相撞的一瞬間使底物發生變化。

如果水分子靜止不動，酶與底物相撞的機率是不是小了很多？當然，水分子不會靜止不動，不過，水質不同，水分子的運動效率也有差異。水分子運動速度慢，酶與底物發生化學反應的可能性就會變低。另一方面，生活中許多水是大分子水，很難穿越細胞膜的水通道進入細胞中，從而造成許多細胞缺水。美國著名醫學家巴特曼博士曾深刻地指出：「許多人其實是被缺水症給折磨死的，他們到臨終的那一刻，都不明白自己是『渴死』的。」

因此，好水，好的小分子水，對酶更好地發揮作用極為重要，對人的健康也極其重要。

在很長的一段時間裡，人類並沒有充分地認識到水對健康的意義。巴特曼博士指出，水不僅是溶劑和運輸工具，還具有許多別的特性，這些特性對於酶來說都非常重要：

「在身體的新陳代謝過程中，水具有重要的、基本的水解作用，即新陳代謝有賴於水的化學反應。水的化學能量可以促使種子發芽，使它長成一株新植物，甚至大樹。生命化學利用的正是水的能量。」

「在細胞膜層面，水滲透細胞膜時可以生成『水電能』，轉化成三磷酸腺膘和三磷酸鳥膘，這是兩種非常重要的細胞電池系統，儲存在能量池中，它們是身體裡的化學能量源。水的能量可以製造這兩種物質，這種微小的粒子就像商品交換中的『現金流』，尤其是在神經傳導方面。」

「水還能形成一種特殊結構、模式或形態，它像一種黏合材料，能把細胞建築黏合在一起。水像膠水一樣，把固體溶質和細胞膜黏在一起。體溫較高時，水的黏合作用類似於『冰』。」

「大腦細胞的產物可以透過『水道』運送到神經末梢，用來傳遞資訊。在神經系統中，除了主航道外，還有支流和非常細的溪流，溶質材料沿著水道『漂運』，這種水道就是『微管』。」

「人體中的蛋白質和酶，在黏度較低的溶劑中效率較高，細胞膜中的所有接受端都是如此。在黏度較高的溶劑中（脫水狀態下），蛋白質和酶的效率較低（對身體缺水的判別力可能也較差）。因此，水可以調節所有功能，也能調節溶解在水中、並在水中循環的溶質的活動，這一新的科學眞理，應該成爲未來醫學研究的基礎。」

在《跟朱丹溪學自我調養》和《跟岐伯學養生》兩本書中，我們都談到了水是最好的藥，並介紹了如何更好地利用水爲健康服務。本書裡，希望大家能夠認識水之於酶的重要意義——沒有好的小分子水，酶很難發揮出它應有的作用。

也許有朋友會有疑問，在環境污染越來越嚴重的今天，我們到哪裡去尋找充滿活性的小分子水呢？回顧原始社會，類人猿怎樣去尋找小分子水呢？他們是透過採摘山上的野果來補充水分。當我們很難確定所飲用的水是不是好水的時候，從蔬果中補充水分是非常好的途徑。蔬果中飽含小分子水，能最快地被細胞吸收。

4. 酶，運動與營養

小故事

二〇一三年十月，美國湖人隊球星科比因為跟腱受傷，在美國進行了治療，但是效果不明顯，最後決定到德國治療。這家德國醫院採用的是富血小板血漿療法，這種療法充分利用了酶的作用。醫生提取少量病人的血樣，在離心機中將富血小板血漿與其他成份分離開來，再加入凝血酶和氯化鈣來刺激活化。然後，將提取出來的血小板濃縮液，注射到病人受傷的部位，以達到迅速康復的效果。

在「活力人生」健康課堂上，我們會教學員做許多運動，疏通經絡，透過深呼吸來提升肺部的呼吸能力，呼吸更多的新鮮空氣，將二氧化碳更好地置換出來。適當地運動有利於身體健康，這是我們都明白的道理，但是，對於今天許多大城市的朋友來說，如何運動恐怕得認眞想一想了。

在「活力人生」課程上，來了一位北京的朋友，常常咳嗽。他很不解地問我，自己平時很關注身體健康，很注重營養調配，也很喜歡鍛煉，可是身體並沒有因此變的很好，這幾個月來，還經常咳嗽，問我是怎麼回事。我問他平時主要做什麼運動，他說自己看了書，明白過度運動對身體不見得好，所以呢，每天下午堅持跑步，沿著大街跑六公里。聽了這位朋友的介紹，我大概瞭解他的問題出在什麼地方了。跑步是一項好運動，沒有錯，但是，在下午的北京街道，在下班的高峰時間，汽車尾氣排放最大的時候，在街道上跑步，這不是加倍吸入有害氣體嗎？怪不得他不停地咳嗽。在霧霾特別嚴重的時候，專家都會說一句：儘量減少室外運動。有害氣體如果進入呼吸系統，會嚴重影響身體，當然，更會對酶發揮作用產生不良影響。

因此，如何運動也是很有講究的，只有注意這些問題，才能避免危害健康。就運動本身來說，只要是適量的，就能大幅度提高肌肉中各種酶的活性。長時間的耐力訓練，能提高有氧代謝酶的活性，比如檸檬酸合成酶和琥珀酸脫氫酶等的活性；而高強度的速度訓練，則提高無氧代謝酶的活性，比如磷酸果糖激酶和乳酸脫氫酶等的活性。

就運動本身來說，只要是適量的，就能大幅度提高肌肉中各種酶的活性。長時間的耐力訓練，能提高有氧代謝酶的活性，比如檸檬酸合成酶和琥珀酸脫氫酶等的活性。

運動還能提高血液中各種酶的活性，如血清中的乳酸脫氫酶、磷酸肌酸激酶等等。

不過，當出現運動性疲勞或者運動性疾病的時候，就有可能導致酶活性變化紊亂。酶活性變化紊亂，會進一步導致代謝過程紊亂，反而使運動能力下降。

人們運動之後，常常會出現一種情況：體力久久不能恢復。此時，很多人開始

懷疑：我是不是運動量不夠，或者運動過度？然而問題的關鍵、往往也是被人忽略的是，很可能根本不是運動量多與少的問題，而是因爲酶的缺乏，導致人體引擎裡裝滿了不適用的能量。

從前面的文章中，我們已經瞭解到：沒有酶，人體就無法運作；酶不足，人就不能順利地吸收營養並消化蛋白質，從而導致一個人脹氣、疲倦、僵硬，甚至動脈硬化；酶不足，無法分解更多的脂肪，多餘的脂肪會加速血液的黏稠度，使得營養物質很難快速地輸送到它該去的地方；酶不足，導致身體無法完全利用氧和膽固醇，這些問題的存在，使人的能量大量消耗後，很難及時地「恢復元氣」。

因此，要讓運動長期持續下去，眞正造福於身體，我們必須從新鮮蔬果中補充足夠的酶。充足的酶讓營養物質得到充分的吸收，身體的能量會更加充沛。而適當的運動又增加了各種酶的活性，讓營養物質的利用進一步加強，這就形成了良性循環。

亨伯特．聖提諾博士在《神奇的酵素養生法》中提到一個案例，可以在一定程度上說明運動和酶的關係。

皮卡恩是美式足球運動員，是水牛城隊的主力，也是這支球隊歷史上最全能的隊員。十年前，聖提諾博士認識他的時候，他身高一百七十公分，體重九十五公斤。與隊友相比，皮卡恩接受了先進的營養理念，他每一天除了攝入足夠的肉類、乳製品等必需的能量之外，還大量地攝入蔬菜水果，大量地補充活力酶。僅僅過了兩個多月，皮卡恩就瘦了十四公斤，之後，他參加了許多足球比賽，贏得了五枚金牌。

對於運動員來說，很多人在減肥之後，隨著體重的下降，體力也會變差，會感覺到全身無力，但是，皮卡恩的體力依然保持的很好，競技狀態也很好。談到體重減輕，而體力仍能保持的時候，皮卡恩介紹說：「一談到運動，大家都認爲要很健康才會有好成績，對於普通人來說也是一樣，要健康，我們就應該補充體內的酶，而不是盜用體內的酶。不管是運動員還是普通人，打球、活動筋骨的感覺都很好，但是因爲沒有補充足夠的酶而導致折壽，那就得不償失了。」

如何用酶
讓自己變年輕

為了年輕美麗，除了補充充足的活力酶，一些醫學專家也給出了好的建議：每天都攝入一些優酪乳，增加腸道裡的益生菌，可以起到抗病防衰老的作用。

1. 抗衰老才是美麗的根本

小故事

一個十分渴望美麗的女孩，塗抹了許多護膚品。許多化學試劑對皮膚是有副作用的，女孩的美麗夢想不僅沒有實現，相反，因為每一天大量地塗抹化妝品，使得臉部的皮膚越來越差，甚至失去了最初的光潔和色彩。

後來，女孩找到一個醫學專家，專家認為美麗應該是「由內及外」的，只有身體內部沒有毒素，沒有「垃圾」，身體新陳代謝順暢，各器官才能正常地發揮功效。在此基礎上，進行有針對性的保養，就會得到夢寐以求的年輕和美麗……

想要美麗，就必須避免身體「生銹」，也就是避免衰老，因此，抗衰老是健康美麗的基礎。隨著年齡的增長，每個人的生理功能不可避免地會不斷衰退，對於愛美的朋友來說，儘量延緩衰老到來的時間是非常重要的。

市面上有許多抗衰老的藥，對於養顏來說，最重要的是防止皮膚老化。但是，皮膚老化並不只是「皮膚」的問題，皮膚表現於外，它是身體健康與否的表現之一。比如，體內充滿毒素和垃圾（下一節將講到），身體新陳代謝機能不斷衰退，帶來的結果一定是衰老程度不斷加深，更別談年輕美麗了。

我們應該如何看待皮膚的老化問題？皮膚老化是什麼原因造成的？有關皮膚老化的原因，世界上有幾十種學說，最重要的一種理論是「自由基學說」。在前面講到《酶與長壽》一節關於人體老化機制的時候，我們談到了自由基。自由基極其活潑，單獨存在的時間很短，產生和消亡始終處於動態的平衡中。隨著年齡增長，不當的生活習慣及飲食習慣的影響，都會使體內的自由基增加。多餘的自由基，會對身體器官活動造成諸多不良的影響，甚至引發癌症。就養顏來說，讓機體處於不正常狀態的自由基，表現在皮膚上就是皮膚乾燥，出現皺紋、老年色斑、皮膚無彈性、無光澤等等。

弄清了皮膚衰老最主要的原因，接下來就應該採取應對措施了。如果能夠清除多餘的自由基，就可以在最大程度上防止皮膚老化。抗氧化劑能清除衰老過程中產生的自由基，而酶的抗氧化能力是非常強大的。北京工商大學植物資源研究開發重點實驗室做了一個實驗，發現百分之二的微生物酶的抗氧化性，達到了不可思議的百分之八十九點四一；實驗充分證明了微生物酶的抗氧化能力，能夠幫助人們抵抗衰老。

五十四歲的美國歌星麥當娜是一個傳奇，她看上去根本不像一個五十多歲的人，在任何時候，她都顯得精力旺盛、風采依舊。在演唱會上，麥當娜甚至可以做到邊唱邊跳三個多小時也不會覺得累，許多身強體壯的年輕人都望塵莫及。

看到麥當娜，許多人都會不由自主地發出一個疑問：麥當娜保持青春美麗、實現凍齡的秘密是什麼？

對於這個問題，我們還是看麥當娜自己怎麼說吧。在一次接受採訪的時候，麥當娜道出了永保美麗年輕的秘密：補充酶，保持腸道菌群健康，清除體內多餘的自由基。

麥當娜的食譜，能給愛美人士很多有力的啓示，她的食譜包括各種粗糧、各種新鮮蔬菜、蘸著日本大醬的海藻、發酵豆製品和印尼豆豉，這些食物幫助麥當娜補充體內足夠的酶，並維持了腸道內菌群的健康。

新谷弘實博士說：「一個人的健康美麗，完全可以從他的腸相上看出來，腸道菌群健康、比例合理，是腸相較好的重要標誌。」中國工程院院士李蘭娟博士也指出：「充分發揮酶的催化分解作用，幫助體內微生物處於平衡狀態，會對致病微生物起到抑制的作用。穩定的微生物環境就像充滿植被的公園，爲人體清除垃圾代謝物。如果一味追求沒有微生物的環境，就像沒有草木的公園，剛開始看起來很整潔，不過，很快就會被各種垃圾佔據。」

爲了年輕美麗，除了補充充足的活力酶，一些醫學專家也給出了好的建議：每天都攝入一些優酪乳，增加腸道裡的益生菌，可以起到抗病防衰老的作用。一位著名的醫學專家介紹說：「我每天至少喝兩百五十毫升的優酪乳，早上喝的多一點。吃過早餐，喝些優酪乳有助於消化，攝入的益生菌能幫助代謝，合成對人體有用的物質，讓腸腔內充滿益生菌，排除宿便，降低氧化物在人體中的數量，減少了氧化物，一定程度上就是抵抗衰老了。」

我們知道，皮膚衰老最主要的表現，是皮膚紋理發生變化。通俗地說，我們看到一個人衰老，最主要的標誌是這個人臉上佈滿了皺紋。如果酶具有強大的抗氧化、抗衰老的能力，那麼皮膚的紋理一定會發生變化，甚至沒有或「皺紋」很少（這也是我們傳統上檢驗一個人是不是「年輕」的重要標準）。爲此，科學家在實驗室做了嚴謹的人體實驗，讓受試者攝入充足的微生物酶之後，觀察皮膚紋理發生的變化。

實驗進行八周後，三十六名受試者中，二十二名皮膚紋理發生了明顯變化：皮溝變淺，皮膚紋理細緻平滑、更加細膩。

實驗結果證明了酶具有非常強大的抗氧化能力，可以有效地清除自由基，保護皮膚、防止衰老。從護膚養顏的角度看，酶可以有效地減緩皮膚鬆弛、色素沉著等症狀；可以在最大程度上讓皮膚變的更有光澤、更加細嫩，更有彈性。今天，我們岐黃健康教育基地運用酶抗氧化、抗衰老的原理，研發出了活力酶面膜，給許多愛

美的人士帶去了美麗。

2.腸道好，人不老

小故事

日本前外相小池百合子，曾向新谷弘實博士請教如何抗衰老、保持美麗。先前，小池百合子目睹了日本許多女性，為美麗不惜花重金進行皮膚「改造」，結果卻不盡如人意，許多人雖花費很多，卻弄壞了皮膚，令人遺憾！

新谷弘實博士卻給出了完全不同的「美容方案」——從「內部」改造開始，一定可以獲得不以損害健康為前提的真正的美麗。新谷弘實博士的「內部」，指的就是「腸道」。

麥當娜之所以「稱霸」歌壇幾十年，即使到了五十多歲，還能在舞臺上展現奪目光彩，實際上根源於她在養顏方面堅持從「腸」計議，最後才取得了如此好的效

果。

眞正的養顏高手，都懂得「腸道」之於美麗的重要作用。臺灣著名歌手蔡依林出道十多年，一直保持著巔峰狀態和「最初」的美麗。許多人都好奇她的「保養」之道，但是，蔡依林在接受採訪時卻說，她並沒有刻意地去保養，而是特別關注腸道健康，尤其是飲食健康，主要是攝入全穀物和新鮮蔬果，再加上早晚兩杯白開水必不可少，始終保持腸道的乾淨清爽。

何家勁是香港著名演員，看上去像二十多歲的小夥子，完全不像是已經五十多歲的人了。許多渴望留住歲月、留住美麗的朋友，都想知道他是怎麼做到的。在一次專訪的時候，何家勁道出了其中的秘密。和蔡依林一樣，他沒有刻意用護膚霜、注射羊胎素等「外在」的方法去保養，也是從「內在」開始，從腸道著手。他說：「我平日就靠運動和吃全穀類食物保養身體，腸道如果健康，皮膚自然就好，我一天跑三次廁所呢。我十分認同一句話：腸道乾淨，一生無病。我還想在這句話後面再加上一句：腸道乾淨，一生美麗。」

對於如何變美麗、如何保持年輕，新谷弘實博士曾經說過：「我想傳達的是，

『請先試著從內部改變起』，只要內部有所改變，自然能產生外表的美麗變化，在『不減損任何健康的情況下獲得美貌』。」

我想傳達的是「請先試著從內部改變起」，只要內部有所改變，自然能產生外表的美麗變化，在「不減損任何健康的情況下獲得美貌」。

——新谷弘實

我們常常看到這樣的朋友，下定決心減肥，吃了不少的減肥藥，採用了各種減肥的方法，把自己也弄的很痛苦糾結。經過一番努力，不少人的確也減下來了，但是不到一個月，許多人的體重又恢復了。就這樣反反複複，讓這些朋友很痛苦。這樣的減肥方法，不能從根本上解決肥胖的問題，因此，也就不能眞正做到減肥。就跟養顏一樣，只有從內到外，尤其是從腸道開始，才能保持腸道的健康乾淨。就像新谷弘實所說：「若眞想成爲一個健康又美麗的女性，就一定要先重視腸道健康，若無視改善腸道的重要性，胡亂減少熱量的攝取，或開始做以往不習慣的運動，就

只會給身體帶來負擔。」

那麼，引發腸道問題最主要的原因是什麼呢？

在諸多醫學家看來，導致腸道不健康的主要原因在於「不良的飲食」。不良的飲食造成腸相的惡化，最終引起肥胖和皮膚的老化，以及各種身體不適的症狀。

在瞭解引發腸道問題的主要原因之後，我們應該關注要怎樣做，才能擁有健康的腸道，進而擁有美麗的容貌？

新谷弘實博士給出了三個方案：

每天喝一點五到兩公升的「好水」，以補充足夠的水，保持腸道的清潔。構成我們身體的大約六十兆個細胞，大部分都是「水」，相對於細胞內的水，還有流動在器官裡的血液和淋巴液。不論是細胞內液還是細胞外液，每一天都是透過攝入水的方式進行代謝，將積累在細胞內的廢物和毒素分解出去，才能達到美容與減肥的效果。

當然，什麼叫好水？在《跟朱丹溪學自我調養》和《跟岐伯學養生》兩書中，我們已經闡釋了所謂的好水就是「小分子活水」。如果在現實生活中，很難得到或者很難判斷是否是小分子水，最好的辦法是多從蔬果中攝入水分，因爲蔬果中的水分，可以在最大程度上保證是小分子水。

改善便秘情形，用咖啡灌腸等多種方法，排除腸道毒素和宿便，實現令人身心舒暢又自然的排便生活（我們將在下一節談到排毒與養顏）。

積極攝取新鮮蔬果，給身體補足酶。攝取新鮮食材的做法，原本風行於酶營養學大本營的美國，後來傳到了日本、歐洲，現在則開始在中國流行起來。越來越多的中國人，爲了維持健康和美容，將新鮮食材導入每天的飲食裡，充分補充酶。新谷弘實醫生介紹了具體做法：早上大量攝入當季水果，將新鮮的蔬菜水果打成果汁飲用，餐前大量攝取新鮮蔬菜做成的生菜沙拉等。不過在攝入當季水果時，有一點要注意，即在早晚餐之前一小時，先補充好水，三十分鐘後再吃水果。這樣做的目的是活化腸道，促進排便順暢，並在飯前補充糖類，以防止吃的太多。

3.排除毒素，越活越年輕的秘密

小故事

「活力人生」健康課堂上，有一次，一位女士十分激動地，分享了她變「年輕」的秘密。在來「活力人生」健康課堂之前，她滿臉皺紋，水桶腰，年輕時代美麗的她，早已將鏡子藏了起來，她實在不願意再看到現在的樣子。像所有女人一樣，四十多歲的她也渴望美麗、渴望年輕，為了這個目標，她參加過許多的美容養顏培訓，還做過微整形設計，但是都沒有達到她想要的效果。

在「活力人生」健康課堂上，我們根據她的身體情況，訂製了利用活力酶體內環保的計畫。經過一段時間後，這位女士排出了腸道內的宿便，排除了細胞裡的毒素，看到那些「垃圾」，她自己都嚇了一大跳，因為她沒有想到身體裡面，有那麼多的以公斤計算的「廢物」。

排除毒素，就像挖掉了不健康和衰老的病根。女士的身體和皮膚很快就發生了變化，皮膚變的越來越有光澤、越來越細膩，身體和精神狀態都發生了極大的改變，她體會到了身心靈健康帶來的喜悅。

人的疾病和蒼老有兩個重要的原因：堵和毒。堵和毒相互聯繫，體內營養物質運輸通道不暢，血液流通不暢，廢物垃圾排洩通道不暢，都會產生毒。時間一久，毒不斷擴散，全身都充滿毒素，於是各種疾病紛至遝來，皮膚長滿粉刺、痤瘡，美麗年輕成爲一種奢談。

香港著名歌星譚詠麟，號稱「永遠的二十五歲」，其實，他今年已經六十多歲了。不過，即使到了這樣的年齡，只要一上舞臺，他就像插上電一樣，馬上激情四射、生龍活虎。他的保養秘訣就是利用活力酶排毒。

美國藝人碧昂斯，以完美的肌膚和身材著稱，她告訴世人的保養秘訣也是排毒。她說，每天早上起床第一件事，就是空腹喝下一杯檸檬水。檸檬水可以有效排

除體內的有害物質，還具有清腸、美白、解渴、沖淡食欲等作用。

著名演員胡靜，利用紅糖裡「糖蜜」的解毒排毒作用來保養容顏，取得了不錯的效果。同時，她還堅持少吃肉，多吃新鮮蔬果，充分補充酶，利用酶的抗氧化及修復作用，使皮下細胞排毒後迅速生長，避免黑色素出現反彈。

許多朋友都意識到了體內毒素不排除乾淨，美麗年輕永遠都只是一個夢想。從《生命樂章》到《跟朱丹溪學自我調養》再到《跟岐伯學養生》，我們可以發現，不論是古人還是今天的醫學家們，都認識到「毒」對健康的危害。在前面幾本書裡，我們將側重點放在了如何排出各種器官中的毒素，相信看過書的朋友，都認識到了「無毒」才能一身輕的道理。

養顏、護膚跟排毒的關係更加密切。本書中，我們講排毒主要側重在細胞排毒，跟前幾本書相輔相成。

前文中，我們已經瞭解了身體中有幾千種酶，每一種酶都有獨特的作用。我們每一個生命活動的物質，無論大小，都離不開酶的參與。當消化後的養分進入到細胞後，細胞也會對養分進行排毒和起到分解廢物與異物的作用。因此，促進細胞內的排毒作業，是提高生命力的重要關鍵。

設想一下，我們吃進去的營養物質，我們呼吸進來的氧氣，最後都以各種方式進入到細胞，細胞將攝入的養分，透過腺粒體製造出ATP這種活動能量，如果能量轉化的活動十分順利，我們就可以充滿活力地從事各種活動。然而，實際情況又怎樣呢？

今天，許多人都有這樣的感覺，那就是「身體感覺好沉重」、「頭腦暈暈乎乎的」、「好累啊，眞沒有力氣了」、「提不起勁來」，相信許多朋友經常都有以上這種感覺，這些身心上的「滯重」感受是怎麼來的？很可能是因爲進入細胞的養分轉化爲熱量的過程並不順利，或者很大一部分養分並沒有轉化成熱量，導致這種「轉化障礙」的關鍵，就是細胞排毒出現了問題。

新谷弘實對此曾指出：「『細胞內排毒』，就是將產生熱量過程中所衍生出來的廢物，以及侵入細胞裡的異物等快速分解並排除。只要這個排毒過程眞正發揮作用，細胞就能順利產生熱量，細胞也能活動的很有元氣；但如果因爲某些原因，讓

這種排毒過程無法順利進行，就會影響熱量的產生，因此會讓細胞活動變差，甚至變的衰弱。細胞內排毒就是促進細胞活化，也是有助於『恢復年輕』和『健康長壽』的重要關鍵。」

瞭解了細胞排毒對於健康美麗的重要意義後，我們更關心的是，如何讓細胞排毒更加高效正常，因爲那將有助於我們的健康美麗。在瞭解這個問題之前，我們還要先認識細胞內的「資源回收工廠」。細胞內有一個叫「溶小體」的器官，這種器官跟六十多種酶有關係，溶小體和被稱爲「細胞自噬」的系統結合，產生出專門的酶來分解和處理已有的毒素，和細胞轉化熱量所分解代謝的廢物。這幾十種酶，與我們傳統瞭解的消化酶和分解酶還是有區別的，被新谷弘實博士命名爲「新酶」，它的分解能力超過傳統酶的五千到一萬倍。它的活性與細胞的排毒息息相關，如果細胞內新酶活性高、數量多，自然會加快細胞內廢棄物的排除。

做個大膽的假設，如果細胞能夠從外界補充這種「新酶」，排毒能量豈不是將大幅度提高？是的。美國科學家做了一個對比實驗，一組人身體健康、充滿活力、頭腦充滿創造力；另一組人則是暮氣沉沉。比較的結果是，第一組的人細胞內含有充足的「新酶」，細胞排毒、代謝能力遠遠超過第二組的人，同時，兩組人的生活方式、生活習慣也很不一樣。第一組的人每一天都攝入大量的新鮮水果和蔬菜，第二組的人則沒有這方面的意識和行爲。

「新酶」的作用，很可能遠遠超出我們的想像。舉個例子，爲什麼成熟的果實甜度會增加？主要就是這種「新酶」的超強分解能力帶來的結果。再看看猩猩這樣的野生動物，生命力特別旺盛，再看看它的飲食——三餐都以水果爲主，我們似乎就能明白生命力和「新酶」之間的關係。

因此，大量補充「新酶」，促進細胞排毒的能力，就很有可能進一步增強生命活力，也能抵抗衰老。身心無毒，細胞活性增強，自然會越活越年輕。

4.蔬果汁補充酶　為你減齡、減肥、減壓

小故事

在紅楓園健康教育基地裡，我們不僅利用活力酶研發生產了面膜，抵抗皮膚衰老，還大量地採集最原始、最天然的野生獼猴桃以及其他新鮮天然水果，運用最先進的工藝和方法製作活力酶。利用「酶」這個最有力的武器，給學員們排毒、保健、養顏。許多學員在這裡不僅收穫了健康，還變的美麗年輕。

來自東北的李女士，第二次來紅楓園教育基地學習時，將全家人都帶了過來，因為她在這裡真正看到了養生養顏的結果。幾年前，李女士被肥胖問題深深地困擾，減肥減肥，減了又肥。但是在紅楓園，我們利用活力酶的排毒力，充分地排除了她體內的垃圾和毒物，脂肪酶充分地分解了脂肪。從此之後，她減肥成功，再也沒有復發過。當她對我表示感謝的時候，我明白，不是我多厲害，而是科學界前輩

們發現了酶的力量，找到了實現健康美麗的根本之道。

現代許多人的工作壓力大，生活節奏快，再加上飲食不太注意營養搭配，經常攝入高溫烹飪過的食物，比如油炸食品、燒烤等等，以及無處不在的食品添加劑、方便食品、垃圾食品，造成人們體內的酶含量普遍不足。

酶不僅是所有生命活動所必需的營養物質，也是保持身體健康美麗、抵抗衰老的關鍵所在。當人體缺乏酶，就會表現出許多特點，比如皮膚乾燥、肥胖、便秘、痤瘡粉刺等等。實際上，這是身體給你發出的信號：你應該補充酶了。當然，對於渴望年輕美麗、身心靈愉悅的朋友，任何時候都應該注意補充足夠的酶。前面兩節，我們主要談了抗衰老的問題，這裡，我們先談談酶與減肥的關係。

上世紀八〇年代，一個香港的影視明星，原本演藝道路一片光明，用不了多久，他甚至有機會登上大螢幕，可就在這時候，他的身體發福了，越來越胖。原本很英俊的人變的體態臃腫，流失了許多粉絲，他也十分著急，用了許多方法減肥，甚至抽取脂肪。不過效果並不理想，就跟許多減肥的人面對的問題一樣：肥胖不斷反複。這樣折騰了好幾年，他的星途最後被斷送了。

研究表明，許多肥胖者體內的脂肪酶，有分泌不足的情況。脂肪酶主要的工作是分解脂肪，這種酶缺少，就會導致脂肪分解不全，將脂肪完全分解燃燒，進而提供能量的作用也就得不到充分發揮，多餘的脂肪就會堆積在體內的各個部位，造成體重增加而肥胖。

造成肥胖的另一個重要原因，是高溫烹飪過的澱粉類食物攝入過多。比如，紅薯含有豐富的酶，但是，烤紅薯已經不含有這些酶了，也就是說，經過高溫，這些酶已經失去了活性。無法先分解本身，大量的澱粉攝入後，會轉化成為熱量。由於體內碳水化合物、蛋白質、脂肪三者是可以相互轉化的，所以，碳水化合物和蛋白質可能會轉化為脂肪堆積起來，體重自然會大幅度增加。而大量攝入新鮮蔬果，補充身體所必需的酶，能夠幫助消化，分解過多的脂肪。

現代社會競爭壓力非常大，讓許多人的精神長期處於高度緊張的狀態，因此，減壓成了現代都市人十分關注的話題。不過，對於酶與減壓關係的認知，到現在才得到了許多人的認可。

岐黃教育基地曾接待過一個銷售主管，在公司，他要對上級負責，擔負著不斷刷新銷售業績的重任。他還要帶領團隊，處理團隊內部的諸多問題；在家裡，他是丈夫、是兒子，是父親，一大家子的經濟來源就靠他。面對越來越挑剔的客戶、越來越難開發的客戶資源，他還需要不斷地學習，給自己充電。另外，還有許多客戶資源要去維持，常常喝酒應酬成了必需。

諸多現實的壓力，讓這位主管承受了極大的精神壓力。他很難入睡，即使睡著，也會做許多奇怪的噩夢，讓他第二天渾渾噩噩。時間長了，他發現自己的身軀很沉重，有時候，連抬起頭來都很費勁。剛來「活力人生」健康課堂時，這位先生看上去實在疲憊不堪。我們給他做了兩方面的調養，一是身體上的，即透過改善生活習慣，透過適當斷食，並攝入充足的活力酶，排除他身體裡的廢物和毒素，讓他身心舒爽；另一方面，則是解除他精神上的壓力和精神上的「毒素」，「排毒排毒排心毒，心毒不排空排毒」，讓他感知生命的關係，感悟生命的喜樂。

經過兩個月的努力，這位主管的身心靈感覺好了很多，同樣的壓力，對於他來說，好像不再像以前那樣不堪重負。

從一個個重獲喜樂的學員身上，我看到了酶在減壓方面的重要作用。當我思考其中的原因時，我發現其實道理很簡單：當酶充足，體內消化分解能力加強，新陳代謝加快後，身體機能會不斷地強化，能不斷地將毒素排出體外，每一個細胞的生命力會更加旺盛，這會讓身心更加健康。

幾乎可以肯定地說，透過補充酶，可以最大程度地爲你減齡、減肥、減壓。透過新鮮蔬果汁來補充酶，既能最大限度地豐富營養，又能避免攝入過多的脂肪帶來的負作用。在這裡，給大家介紹日本著名飲食營養專家植木桃子推薦的幾種富含酶的蔬果，簡單實用，可以製作成「萬能蔬果汁」：加入百分之二十妙善活力酶酵素母液效果更佳

品種一：小白菜

小白菜具有很強的抗氧化性，能給人補充鈣質，將它和其他水果組合在一起，就一定能夠讓營養更加豐富，更能補充酶，味道也更加可口。

小白菜蘋果汁：能補充人體所需的胡蘿蔔素和維生素C。

小白菜桃子汁：能幫助解決便秘。

小白菜梨子汁：幫助提神醒腦。

小白菜芒果汁：含有豐富的維生素A、C、E，美容美肌功效顯著。

品種二：胡蘿蔔

胡蘿蔔是養顏護膚的必備食材，它富含抗氧化作用超強的胡蘿蔔素。另外，胡蘿蔔素還具有防癌的功效。

胡蘿蔔蘋果汁：加入適量橄欖油，提升吸收率，幫助清除腸道內的宿便。

胡蘿蔔、橙、芹菜汁：幫助排毒。

胡蘿蔔、西瓜、檸檬汁：有幫助消除浮腫，趕走宿醉的功效。

胡蘿蔔、柿子、葡萄汁：補充維生素C，增強身體抵抗力。

品種三：番茄

番茄具有多種功效，是預防疾病、更是養顏美容的必備食材。番茄的抗氧化能力是維生素E的一百倍，在番茄汁裡加入適量的橄欖油，能夠大幅度提高營養物質的吸收效率。

番茄檸檬汁：含有豐富的維生素C，幫助增強抗衰老的能力。

番茄西瓜汁：養顏抗衰老，豐富的酶能幫助排毒，還有清熱潤喉的功效。

番茄黃瓜汁：預防高血壓。

番茄、芹菜、青椒汁：營養均衡豐富，豐富的維生素C幫助人體增強抵抗力；對養顏美膚具有良好的效果。

品種四：柑橘類

柑橘類水果含有豐富的維生素C，能夠幫助抗衰老、美容養顏，還含有豐富的檸檬酸，提高人體新陳代謝的效率。柑橘類蔬果汁是女性朋友的好夥伴，在護膚美肌方面，柑橘類蔬果汁具有很好的功效。

葡萄柚蘋果汁：富含維生素C，美容美肌，抗疲勞。

橙梨子汁：含有豐富的胡蘿蔔素和食物纖維，抗衰老、美肌、補充人體活力。

橘子蘋果汁：美肌養顏、幫助解毒排毒。

葡萄柚、橙、桃子汁：促進新陳代謝，幫助解毒排毒。

製作酶蔬果汁應該使用低速榨汁機，最好跟石磨壓榨一樣，如此做出來的蔬果汁，才真正保留了原有的酶和其他植物營養素。最後，也需要瞭解，有一些食材並不適合製作蔬果汁：

一種是水分比較少的食材，比如南瓜、牛蒡等。

第二種是澀味特別重的食材，比如茄子、菠菜等。

第三種是刺激性氣味太濃的食材，比如韭菜、大蔥、大蒜等等。

5.「酶」化無斑美肌

小故事

小燕是一個戲劇學院的學生，在上大一的時候，卻遇到了煩心事——臉上長滿了痘痘、粉刺，本來已經安排好的廣告拍攝工作也因此被喊停，這讓她很難過。她不斷地關注明星們是如何面對粉刺、痘痘的，然後照做，可是效果並不明顯。

後來，小燕接觸到全新的養顏護膚理念，那就是全自然的養顏方法，透過調養為身體補充足夠的酶。經過一段時間後，小燕臉上的痘痘粉刺奇蹟般地消失了。

粉刺、青春痘等是一種由多種因素造成的常見的毛囊、皮脂腺慢性炎症疾病，這種疾病在青少年中較爲普遍。但是，有一些成年人的臉部也有許多斑點，甚至也會長滿粉刺，這可能跟體內的毒素過多有關係。毒素太多，必然會表現在外面，從中醫上來說，這是陰陽調和方面出了問題。

粉刺、痘痘給許多職場上的人——尤其是女性——造成了不小的困擾。所以，許多朋友常常思考如何祛痘。

李女士是一家公司的財務總監，家庭幸福、事業有成。可是，美中不足的是，她的臉上長滿了粉刺，這讓她十分煩惱，本來是一個十分自信的人，後來跟人面對面的時候，都不願意將頭抬起來。她意識到，「面子」問題不是小問題，如果不解決，不僅會讓她的信心受到打擊，最終事業也會受到影響。

就在這時候，她瞭解到了自然養生法、瞭解了酶。然而，她並沒有去認眞地瞭解，而是「隨了大流」，她跟隨身邊幾個閨蜜去一家整形機構做了祛痘、去粉刺手術，遺憾的是，因爲某些原因，手術失敗了，李女士祛痘、去粉刺的夢想並沒有實現。從那之後，李女士開始重新認識酶，認識植物營養素的作用……

在前面已談過，面部疾病，比如痤瘡、粉刺等，可能是體內累積太多的「毒素」造成的，利用酶來排除毒素能由內及外實現祛痘、去粉刺的效果。

除了解決體內毒素問題，我們是否可以利用酶直接作用於粉刺、痤瘡？它的效

果又如何呢？

北京工商大學植物資源研究開發重點實驗室做了一個實驗：首先從患者臉上的痤瘡中分離出三種病原菌，採用液體培養法，測定百分之二的微生物酶，對三種病原菌的抑制率，結果顯示微生物酶對三種病原菌，有十分良好的抑制效果。可以這樣說，微生物酶可以有效地治療和減緩痤瘡的發生，起到預防和治療痘痘、粉刺的效果。

許多植物中含有豐富的蛋白酶和脂肪酶，它們能有效地清洗和分解皮脂腺過度分泌的皮脂，分解毛囊部位的角化細胞，保持皮脂腺的通暢，不被阻塞，這樣就讓痤瘡等相關病原失去了滋生的環境，能在很大程度上預防粉刺、痘痘的產生。

實際上，只要轉變觀念，從根本上調理身心，擁有無斑美肌就不是夢想，而且實現這樣的夢想並不是想像的那麼難。

許多水果含有豐富的酶以及各種植物營養素，對祛痘養顏有很大的功效。現在很多人十分青睞的芒果，就是不錯的保健養顏水果。它富含許多如鉀、鎂、鐵等輔酶，也是含有維生素A最多的水果。

記住，維生素A是一種可以有效抑制肌膚出現濕疹、痤瘡的營養成分，能夠幫助愛美人士塑造完美肌膚。維生素A還有強大的抗氧化能力，在防止人體老化、預防癌症等方面，也有很大的功效。芒果還含有豐富的膳食纖維，膳食纖維的含量，是等量的其他水果的好幾倍。膳食纖維可以激發糖的代謝，將多餘的糖轉化成能量，因此，芒果還是減肥的佳品。

當然，還有許多其他水果以及蔬菜，含有各種豐富的酶，也有很好的美肌祛斑的功效。如果我們能將這些蔬菜、水果製作成美味可口的蔬果汁，讓身體輕鬆地補充酶和營養素，很可能就會輕鬆地實現清透無斑的美肌夢想了。下面簡單地給大家介紹幾種實現「無斑美肌」的蔬果汁（加入百分之二十妙善活力酶酵素母液，效果更明顯）。

品類一：甜椒、蘋果、檸檬汁

甜椒被稱爲養顏蔬菜，而且它的顏色非常鮮豔，含有豐富的維生素C，能轉化爲胡蘿蔔素、番茄紅素的維生素A。維生素A、C都是預防色斑的必需品。

品類二：油菜、甜椒、檸檬汁

甜椒養顏，油菜能加快血液循環，加快營養物質的運輸，促進身體的新陳代謝。這杯蔬果汁含有豐富的葉綠素、胡蘿蔔素以及維生素C。

品類三：番茄葡萄柚汁

這杯蔬果汁含有豐富的維生素C、胡蘿蔔素、番茄紅素，能夠治癒和預防肌膚疲勞，保持肌膚的光澤和彈性。

品類四：蓮藕、甜椒、檸檬汁

這杯蔬果汁含有大量的胡蘿蔔素、維生素C以及膳食纖維，能大大地促進血液循環，是預防痤瘡、雀斑的佳品。

品類五：油菜、蘋果、檸檬汁

含有豐富的葉綠素、胡蘿蔔素和維生素C，能增加肌膚彈性、抵抗衰老，促進體內新陳代謝，是一杯酸甜可口的養顏蔬果汁。

在「活力人生」課堂上，許多學員瞭解了富含酶的蔬果汁，在保健養顏方面的巨大作用後，養成了每天製作蔬果汁的好習慣，不僅給自己，也給家人帶來了好的示範，對全家人的健康都有很大的幫助。

豐酶生活法，讓你「酶」力十足

透過補充身體裡的酶，讓酶發揮新陳代謝、解毒排毒的作用，調理好身體；透過調理心靈，搞懂生命就是關係，讓每個人的心靈和精神都收穫喜樂和富足，

1. 食物與酶

小故事

蒸饅頭或者製作麵包的時候，都需要對麵粉發酵，這是一個讓酶發揮巨大作用的時刻。

在「活力人生」的課堂上，我們講述酶在發酵過程中扮演的催化作用時，一些學員提出了疑問：為什麼發酵之後，麵團會膨脹呢？假設想要存放已經揉好的麵團，我們應該怎麼做呢？

在回答小故事中的問題前，我們先瞭解爲什麼要弄清食物與酶的關係？這是因爲除了空氣和水，食物是維持我們生命最重要的物質了。如果不能充分認識食物和酶的關係，我們就很難徹底改變舊有的、導致酶大量流失的生活習慣，就很難眞正

擁有健康的身體和美麗的容顏。

在第一章我們已經瞭解到，中國利用酶的歷史已經有幾千年了，戰國時代就出現了饅頭。饅頭就是利用澱粉酶分解澱粉，這時候麵團就會變軟，時間再久一點，麵團還會不斷膨脹，爲什麼呢？主要是因爲酵母在分解糖類的過程中，產生了二氧化碳，大量的二氧化碳被困在了麵團裡，氣泡的出現使麵團膨脹起來，麵包變軟了，口感也更加好了。

我們知道，新鮮的蔬果汁中含有豐富的酶，對身體非常有好處。對於發酵食品，裡面的酶是否也很豐富？如果是，未發酵的食用酶和已發酵的活力酶有區別嗎？

在解釋之前，我們先瞭解一下妙善活力酶的簡單製作過程，妙善活力酶就是經過一系列嚴格工序發酵過後的蔬果汁。這是因爲發酵過後的蔬果汁（發酵過後的活力酶），可以透過各種單細胞菌種裂解後，生物奈米化，發酵成細胞可以直接吸收的各種營養物質。因此，蔬果食物經過發酵後，可以直接合成爲體內酶，也可以促進體內酶的運作，直接幫助人體的健康。從這個意義上說，不管是發酵後的蔬果汁，還是饅頭麵包，或是其他發酵食物，從補充酶的角度來說，比未發酵的食物更有效（不過，發酵過程是一個專業的過程，要找專業機構生產的發酵酶）。

回到小故事中的第二個問題，如何保存揉好的麵團呢？有生活經驗的朋友就知道，很簡單，只需要將麵團放在冰箱就可以了，因為溫度較低，酵母的酶不能很好地發揮作用。顯然，這裡就涉及一個問題：酶發揮作用的條件，這個條件和食物有怎樣的關係？

酶的主要成分是蛋白質，頭髮的主要成分也是蛋白質，棉製絲線的主要成分是碳水化合物。下面，我們做一個簡單的實驗，將頭髮和棉製絲線分別靠近火焰。很明顯，當頭髮剛剛靠近火焰，它就捲曲，甚至熔化了；棉製絲線靠近火焰後，卻沒有變形。

我們煮雞蛋的時候，會發現一個現象，相對於蛋黃，蛋清發生的變化最大。隨著熱量的升高，蛋清逐漸變白，蛋黃依然保持著黃色，而蛋清的主要成分是蛋白質。上面兩個實驗都說明了一個道理：蛋白質遇到高溫會發生重大變化，由蛋白質構成的酶也一樣。

當溫度升高到一定程度，蛋白質就會發生變形，酶也一樣，也會發生變形。就像一把鑰匙開一把鎖的道理，當酶變形後，它就沒有辦法打開原來的鎖了，也就是說不能和底物結合，不能發揮催化、分解的作用了。舉個例子，我們咀嚼饅頭，越咀嚼越甜，這是唾液中的澱粉酶發揮了作用；如果吃一個剛出鍋的很燙的饅頭，你就感覺不到甜味了。因爲，酶在這種高溫下，它打不開那把專屬它的「鎖」，自然也就不能發揮作用了。

那麼，絕大多數食物中的酶，能發揮作用的最高溫度是多少度？答案是四十攝氏度左右。

瞭解了食物中酶發揮作用的溫度限制原理，我們就從根源上明白了，爲什麼高溫烹飪過的食物，對健康不見得有益，爲什麼新鮮的蔬果對身體如此重要。

當溫度過高，會使得酶失去活性；溫度低了，酶會怎麼樣呢？

我們路過小學一年級的教室，跟路過老年大學教室的感受，一定是不一樣的。小學一年級的教室裡，孩子們嘰嘰喳喳，打鬧成一片，這是因爲孩子們能量充沛，根本停不下來；老年大學相對就安靜了許多，因爲老年人的能量相對小了很多，活動的機能沒有那麼強了。

酶在低溫下，就像在老年大學一樣，它跟在高溫下不同，高溫裡酶發生了變形，這把變形的「鑰匙」無法跟底物這把「鎖」結合了；低溫下，酶還是在發生作用，不過效率降低了，因爲底物在低溫下，運動的速度大大降低了，跟酶「相遇」的機率降低了，這也是利用冰箱保鮮的原理。

除了溫度，酶主要喜歡「中性」的環境，絕大多數酶都討厭過酸或者過於鹼化的環境，這就是爲什麼酸化、鹼化的土壤長不出好果實的原因。當然也有例外，比如胃蛋白酶，就是一種專門在強酸環境下工作的酶。

某種程度上，食物塑造了我們的身體，過多地攝入動物脂肪，過多地食用高溫烹飪過的食物，不當的作息規律和生活習慣，讓許多人的身體酸化。長此以往，酶在這樣的身體環境中就很難發揮作用，這樣必然造成催化、分解能力不斷下降，最終危害人的身體。因此，透過改變飲食結構，給身體一個中性環境，讓酶充分發揮作用，對健康至關重要。

酶厭惡過酸過碱的環境，還有一個佐證。在中國許多地方，人們比較愛吃醃製

的食品，比如泡菜，泡菜為什麼可以長期保存下去而不變質?因為它處於強酸環境中，絕大多數微生物不能很好地繁殖下去，絕大多數酶不可能在這裡面存活。因此，我們也呼籲，為了身體健康，儘量減少醃製食品的攝入量。

食物與酶的關係很複雜，為了身體健康，我們必須在這種複雜的關係中，找到對養生、養顏最有價值的東西，搞懂它，理解它，並用來指導實踐。

2. 曬曬「酶」食清單

小故事

林格帆女士在臺灣被稱為「酵素（酶）阿嬷」，臺灣十大奇女子。她曾經在疾病中苦苦掙扎、無法自拔，為了健康，她遠赴澳大利亞尋找真正的身心靈調養之道。後來，她發現了酶的偉大力量，從此開始從事酶的普及和教育工作。為了讓更多人在攝入酶的時候不再苦哈哈，而是一種享受，她進行了艱苦的探索。

在大陸，岐黃健康教育基地根據酶的巨大力量，開始深入研究酶的配套，用最科學的方式補充人體的酶，同時，讓學員們享受新鮮蔬果帶來的「美食樂趣」。

對於酶的作用，朋友們或許都很瞭解了，大家更關心的，可能是如何才能打出一杯富含酶、富含食物營養素的蔬果汁。在這裡，我就曬曬「酶」食清單，介紹最主要的原料及它們的功用，希望對大家有所幫助。

類別	原料	功用
禾穀類	有機糙米 大豆 黑豆 黑芝麻	有機糙米含有植物性蛋白質、纖維和多種輔酶以及維生素；黑豆具有抗過敏、活血、解毒等功效，所含的蛋白質是牛奶的十二倍，且不含膽固醇，百分之十九的油脂是不飽和脂肪酸；黑芝麻補鈣效果優於牛奶，是補腦酶、黑髮酶的重要成分。
根莖類	山藥 牛蒡 甜菜根	山藥具有補脾、益腎、養肺、斂汗等功效；牛蒡具有通十二經脈，除五臟惡氣的功效；甜菜根具有天然紅色維生素 B_{12} 及鐵質，是婦女及素食者補血的最佳天然營養品。
海藻類	藍藻 紅藻 珊瑚草	藍藻含有比肝臟高三倍的 B_{12}，對人體抗疲勞，促進新陳代謝都有很大的幫助；紅藻具有良好的抗氧化能力，抑制活性氧的能力，是胡蘿蔔素的十倍；珊瑚草礦物質含量十分豐富，營養價值是魚翅、燕窩的十倍以上。

真菌類	北蟲草 黑木耳 猴頭菇	北蟲草能夠降低血脂、預防動脈硬化，全面促進造血功能；黑木耳含有人體所必需的氨基酸和多種酶、維生素，其含鐵量居各類食品之首，比豬肝高七倍，比肉類高出百倍，能降低血液黏稠度，預防或溶解血栓；猴頭菇含有大量的膳食纖維，經常食用能降低血液中的膽固醇，防止動脈硬化等。

透過瞭解不同植物的作用，將它們製作成活力酶，將對健康產生良好的效果。

在上一節，我們提到了發酵食品和未發酵食品的區別，在這裡，我們綜合國內外專家的意見，對發酵食品作個簡單的介紹：

酒糟	酒麴在發酵過程中，分泌出了大量的分解澱粉的澱粉酶；分解蛋白質的蛋白酶；分解脂肪的脂肪酶。將酒過濾後，剩下來的酒糟富含以上成分，同時，還含有各種維生素。如果要利用這些酶和維生素，食用的時候，最好不要加熱，作為飲料喝，做成沙拉食品是最好的。
納豆	納豆所含的維生素B是大豆的五倍，同時，納豆含有多種酶，分解脂肪、澱粉、糖分的酶的能力都很強。因此，發胖的朋友可以積極食用納豆。

優酪乳	優酪乳是牛奶透過乳酸菌發酵而成，能改善腸道菌種群數量，抑制有害菌的生長。優酪乳還含有天然的抗生物質，可以在一定程度上預防各種感染病症。

3. 岐黃豐酶健康生活法

小故事

美國從一九六五年開始，醫生在開藥方的時候，常常會給更年期婦女開一種人工製造的荷爾蒙，避免女性遭遇一系列的更年期症狀。這之後，美國女性得乳癌的機率直線上升，到了二〇〇一年，美國醫學會才認定那種藥會產生得乳癌和心臟病的副作用。然而，整整三十六年，不知有多少美國婦女因為服用了這種藥物而死亡。

今天，醫院建築越蓋越高，越來越豪華，各種新藥越來越多，然而疾病的種類也在不斷增加。許多人可以說被各種藥物「包圍」，我們似乎忘記了一個重要的觀念：身體不是因爲缺乏藥物而生病的。

美國自然醫學博士吳永志先生說：「藥物有其崇高的地位，如血壓高到一百五十時，血糖高到一百七十時，膽固醇高到兩百五十時……應找醫生給藥加以緊急控制，否則會有生命危險；同時，還應該諮詢有經驗的營養師，藉由調整日常食譜，改變飲食方式，使血壓降到一百二十，血糖降到一百以下，讓膽固醇降到兩百的正常值，而不是長期依賴藥物控制病情。」

「如果我們依然不願意正視改善飲食的重要性，抱著僥倖的心理，長期用藥物延緩病情，除了使病情加重，引發多種併發症之外，還將加重身體的負擔，終將導致不治；如果我們不願意找出疲勞的原因，抱著逃避的心態，用一天數杯咖啡讓腦袋清醒，將會導致失眠、腎臟病變、骨質疏鬆和膀胱癌等後果。」

我們面臨著嚴峻的健康形勢，實際上，更關鍵的是許多人對健康的認識還很落後。正是基於這樣的情況，岐黃健康教育提出了自然調理的方式，啓動身體的自癒力，要知道，身體強大的免疫系統才是最好的醫生。面對當下，人們飲食結構普遍偏重於脂肪和蛋白質，相當多的人，食譜上幾乎全是高溫烹飪過的食物，或者加入了許多添加劑，滿足了人們對色香味的追求，卻造成營養的大面積流失。這種情形導致一個後果，那就是人們體內的酶普遍不足，懷著崇高的使命感，豐酶生活法應運而生了。

岐黃豐酶健康生活法是一種健康的生活方式，那就是追求自然營養，透過補充身體裡的酶，讓酶發揮新陳代謝、解毒排毒的作用，調理好身體；透過調理心靈，搞懂生命就是關係，讓每個人的心靈和精神都收穫喜樂和富足，最終讓一個人實現身心靈全方位的健康喜樂。

岐黃豐酶健康生活法是一種健康的生活方式，那就是追求自然營養，透過補充身體裡的酶，讓酶發揮新陳代謝、解毒排毒的作用，調理好身體；透過調理心靈，搞懂生命就是關係，讓每個人的心靈和精神都收穫喜樂和富足，最終讓一個人實現身心靈全方位的健康喜樂。

每一次岐黃健康教育機構開課，都有許多新學員走進我們的課堂，讓我們感動的是，有更多的老學員第二次、第三次走進我們的課堂，不僅是自己來，還帶上親

戚朋友。我在想，爲什麼這麼多朋友一直關注著岐黃，其實是對健康的關注，他們絕大多數人在岐黃收穫了健康。許多第一次來的朋友，我們給予適當「斷食」，給他攝入足夠的我們研發的發酵酶，幾天下來，許多人排出了體內十幾年留存下來的宿便和其他「垃圾」。宿便、垃圾、毒素排除，人的身體變輕了、變精神了，一些肥胖的朋友也在這裡減肥成功。事實證明了豐酶生活法是有效的，但是，我更期望的是，所有朋友都能把「補充酶」這樣的觀念帶回去，讓豐酶生活法眞正成爲你的生活習慣，體內的酶補充足夠後，身體健康，精神爽朗將不再遙不可及。

上過「活力人生」課程的朋友知道，在上課期間，我們建議大家「斷食」，食用我們特殊配套的活力酶，活力酶再輔助其他自然療法，讓這幾天的學習不僅增長知識，還處於不斷排毒的過程。爲什麼我們的活力酶會如此有效？爲什麼我們的豐酶生活法，會帶給人這麼大的變化？

原因在於我們對酶的深刻理解和研究，並從古代傳統先賢那裡汲取智慧，結合現代生物科技，製作出了最具活性的活力酶。傳統養生酶常常以十幾種原料混合發酵，而我們妙善功能酶則採用科學化原料發酵。

首先，置入優勢菌種，隨時檢驗品質，確保穩定地生產出高品質的活力酶。其次，主要的有益成分採用標準化生產，讓有益的成分發揮到極致。依據科學化實驗，聚焦功能，組合成最佳的功能性活力酶。活力酶的食材以純天然有機蔬果爲最好，菌種的發酵採用和諧共生的方式去管理。妙善以自然界天然野果爲原材料，品質最好。讓蔬果特點經過「生物奈米化」作用發揮到極致。運用「君臣佐使」的原理，經過繁複嚴謹的對比和臨床試驗，找出最佳配方的比例，才能得到最顯著的功效。

建立在發酵活力酶基礎上的豐酶生活法，充分補充人體所需的酶，加快新陳代謝的步伐，清除體內的垃圾和廢物，做到「腸道乾淨，身體無病」；強化了細胞內排毒，重新煥發每一個細胞的活力，進而讓人的生命力更加旺盛。所以，在一次「活力人生」課程結束後，有幾個學員激動地對我說：「豐酶健康生活法，讓我們『酶』力十足。」我想，沒有什麼比學員的褒獎，更讓我感到自豪和滿足了。

結語

酶是託付健康最真摯的禮物

本該快樂成長的兒童，年小病重，誰之過？

我行我素的青少年，正肆意地揮霍健康，誰來挽救？

上有老，下有小，壓力如山大，沒有生病權利的中年人，誰來關愛？

該頤養天年的老年人，如何延長健康年齡，而不至於伴病度餘生？

現代人的健康，到底由誰來拯救？

上面這幾段話，是臺灣酵素阿嬤林格帆女士發出的深沉之問，作爲一個從事健康教育十幾年的人，我深深地感受到了這些問題的迫切性。

「四十年前，有錢人喝糖水；四十年後，有錢人尿糖水。經濟的騰飛，造成了觸目驚心的環境污染，人們應酬多、肉食多、喝酒多，加之現代人高強度的工作和生活壓力，造成了今天各種各樣的慢性疾病。」一位醫療專家在書中這樣沉痛地寫道。

與此對應的是，世界上還是有一部分人，他們幾乎從來不生病，總是精力充沛、神采奕奕，醫院好像跟他們是絕緣的，他們很少跟醫生打交道，卻能健康長壽。國外，有一些地方集中了許多長壽的人；國內，時不時媒體會報導，某地又出現了長壽鄉、長壽村，這些地方的人們，平均壽命爲什麼比較高？他們的壽命爲什麼比較長？原因可能是多方面的，不過，幾乎所有的長壽村、長壽鄉都有一個共同的特點，那就是有著良好的生活環境：清新的空氣、乾淨的水、純天然的糧食作物；他們有著很好的生活習慣，飲食結構和方法都合乎自然之道，所有這一切都指向了一個東西：酶。

一個臺灣著名醫學專家這樣解釋酶，他說：「從碳、氫、氮、硫等原子，組合成氨基酸，再組成蛋白質，而形成人體基本功能之細胞，並有系統地組成人體的結構，這個動態結構是自動形成的，能自動修復和延續生命，這是上帝完美的設計，而建築此完美結構體的工程師則是酶。人體的生命力來自酶，因爲沒有酶，所有吃

進去的食物都只是垃圾而已，對人體沒有幫助。」

在許多專家看來，酶是「讓青春美麗定格，讓疾病不藥而癒」的魔法物質。正如一九九七年諾貝爾醫學獎獲得者波以爾所說：「如果人像燈泡，酶就是電流。沒有電流，燈泡就不亮；沒有酶，生命就停止。」正是看到了酶在養生保健中的巨大作用，我們岐黃健康教育機構義無反顧地投入進來，要將這種健康的觀念告訴更多的人，讓他們瞭解破解「酶」的密碼，健康就掌握在了自己的手中；要讓更多人明白，酶決定生老病死美，從現在開始，就注意爲身體儲存酶，爲健康不斷加分，這就是《酶決定生老病死美》這本書創作出版的出發點。

這些年，我和我身邊的很多人，身心靈都經歷過由差到好的轉變。尤其是岐黃健康教育機構的學員們，在這裡獲得了健康喜樂，許多人的生命都發生了由內及外的改變。他們自發地將這份改變，跟朋友、親人、認識或者不認識的人分享，就像原子裂變一樣，愈來愈多的朋友走進了岐黃。看著朋友們的變化，我發自內心地感激、感恩，我感恩團隊，感恩中外歷史上許多醫學大師，留下了寶貴的養生智慧；我還感恩「酶」，在我看來，這是一種充滿了生命的神奇物質，是託付健康的最眞摯的禮物。它是一把鑰匙，開啓健康大門的鑰匙，如果你願意，這把鑰匙就在你的手中，健康之門即將打開。

對於健康，我們岐黃還在不斷地探索，在探索的道路上，不會是一帆風順的，甚至會有這樣那樣的誤解。但是，我們始終抱著一顆幫助更多人收穫健康的心，不斷前行，我們用健康來表達對大家的感恩。

今天我們出版這些書籍，是要將寶貴的健康智慧彙整起來，造福更多的人！我更希望岐黃的家人們透過閱讀，對健康有更深的感悟；我同樣希望更多的還沒有走進岐黃、還沒走進「活力人生」的讀者朋友們，在閱讀這些書籍之後有所啓迪；我同樣希望大家與我們一起瞭解酶、生產酶，讓人們的身體環保健康，讓地球環保健康。在《酶決定生老病死美》之後，我們還有可能陸續推出其他更有針對性的書籍，這些書籍綜合前人的智慧，運用最新的理念，將努力給朋友們帶去更大的收穫，敬請期待……

楊中武

二〇一四年八月

NOTE

NOTE

NOTE

NOTE

NOTE

國家圖書館出版品預行編目資料

酶 決定生老病死美／楊中武, 韓謹鴿著. -- 1 版. --
新北市：華夏出版有限公司, 2023.01
面； 公分. --（Sunny 文庫；165）
ISBN 978-986-0799-05-7（平裝）
1.酵素 2.食療

399.74 110009048

Sunny 文庫 165
酶 決定生老病死美

著　　作　楊中武 韓謹鴿
印　　刷　百通科技股份有限公司
電話：02-86926066 傳真：02-86926016
出　　版　華夏出版有限公司
220 新北市板橋區縣民大道 3 段 93 巷 30 弄 25 號 1 樓
電話：02-32343788 傳真：02-22234544
E-mail：pftwsdom@ms7.hinet.net
劃撥帳號　19508658 水星文化事業出版社
總 經 銷　貿騰發賣股份有限公司
新北市 235 中和區立德街 136 號 6 樓
電話：02-82275988 傳真：02-82275989
網址：www.namode.com
版　　次　2023 年 1 月 1 版
特　　價　新台幣 280 元（缺頁或破損的書，請寄回更換）

ISBN： 978-986-0799-05-7